SOULEIADO

美麗的 SOULEIADO 世界

A

B

C

D

E

F

G

H

A.殘存中世紀風貌的SOULEIADO總部大門。　B.SOULEIADO命名者Charles Demery與工坊的匠人們（拍攝於1939年）。　C.保留當年風貌的染色工房場景。也展示了當時使用木版的印製方式。　D.木版印花布樣品目錄。　E.收納於印度更紗專用櫥櫃中，經過絎縫的更紗。在18世紀南法時，印度更紗是富庶的象徵。　F.在SOULEIADO美術館中，設有重現使用普羅旺斯布料生活方式的展示空間。　G.重現當年印花工坊的展示空間。H.館內的部分木版收藏。

SOULEIADO
博物館

令人想要去參訪一次看看！位於SOULEIADO總部區域內的博物館，能接觸SOULEIADO的歷史與魅力。

39, rue Charles Deméry
13150 TARASCON
FRANCE

https://www.souleiado.
com/fr/le-musee

一聽到「普羅旺斯」，你想到了什麼呢？是不是地中海閃閃發光的海洋與無限延伸的蔚藍天空，以及鮮豔的向日葵、薰衣草還有橄欖等美麗的花草？SOULEIADO便是誕生於如此色彩豐富之地，是南法的布料品牌。在古普羅旺斯語中，有著「從雨後雲間照射出的陽光」之意。

SOULEIADO的歷史，正是普羅旺斯的印花布史。16世紀時，因馬可波羅從印度帶回法國的更紗大受歡迎，自然染料豐富的普羅旺斯當地即開始在優質棉布上進行印花，這便是普羅旺斯印花布的由來。1939年，SOULEIADO創辦人Charles Demery，為了保存歷史與文化，和塔拉斯孔的印花工廠收購了它們收藏的數萬塊木版，創辦了SOULEIADO品牌。

SOULEIADO的印花圖案，至今依然是透過將保存於總部的龐大數量木版進行組合搭配，來設計布料圖案，並染上當季的應景色彩，完成經典卻不失流行感的印花布料。這是放眼全世界也很罕見，能傳遞歷史與品味魅力的印花布料。

找尋我心喜的
SOULEIADO

兼具可愛與華麗的SOULEIADO。
請務必運用於今夏的手作當中。

攝影＝回里純子　造型＝西森萌　妝髮＝タニジュンコ　模特兒＝ベッドナルツ怜奈

使用布料

Petite Fleur des Champs
意指「盛開在原野中的小花」，為
SOULEIADO的代表性圖案之一。以融入心
靈富庶的普羅旺斯人生活中的野花，還有
象徵生命力的薊作為主題圖案。
表布＝平織布 by SOULEIADO（SLF-18 G）
／株式會社TSUCREA

La Petite Rose
與SOULEIADO的小型印花進行排列，
另一款魅力商品「Galon花邊帶（Galon
type）」。是把小玫瑰花束圖像化的華麗
印花飾帶。
配布＝galon type by SOULEIADO（SLF-
24B）／株式會社TSUCREA

No.01
ITEM│荷葉邊馬歇爾包
作 法│**P.50**

縫合打褶的本體，呈現立體感的提
包。於包口拼接花邊飾帶，並穿入以
本體同款布料製作的細緞帶，作為細
節裝飾。

作品製作＝くぼでらようこ

04

No.02

ITEM｜抽皺提把波奇包
作 法｜**P.51**

具穩定性的平扁形拉鍊波奇包。可放入膠板或打孔沖等，針線包裝不下的工具類都能方便收納。表布夾入單膠鋪棉，進行1cm間隔的直向絎縫之後再縫製。

作品製作＝くぼでらようこ

使用布料

Les Baux

以位於南法亞維農及亞爾中間區域的石灰岩山高原處的萊博村為主題的圖案。菱格紋×小花的搭配組合，是田園小調式的可愛圖案。

表布＝平織布by SOULEIADO（SLF-307B）／株式會社TSUCREA

Le Petit Artichaut

南法經典料理中使用的朝鮮薊，是從春天到夏天，市場常見的人氣蔬菜之一。在此擷取了如花苞微微綻放的花朵部分，進行設計。

配布＝galon type by SOULEIADO（SLF-22A）／株式會社TSUCREA

使用布料

Le Printemps

當黃花含羞草的花朵盛開，杏仁花開始綻放之時，普羅旺斯便進入了春季。這是以洋溢著生命氣息的普羅旺斯之春為主題的印花。

表布＝平織布by SOULEIADO（SLF-304A）／株式會社TSUCREA

Le Pecunnue

以色彩繽紛盛開的南法花草為主題的花邊帶。變化多元的配色，與搭配的印花圖案，皆呈現出SOULEIADO獨特且耐人尋味的色彩。

配布＝galon type by SOULEIADO（SLF-21C）／株式會社TSUCREA

No.03

ITEM｜特殊提把平面包
作 法｜**P.52**

以夏日風的元氣色調為魅力。看似平面，但有摺疊側身，因此容量比外觀更大。

作品製作＝くぼでらようこ

Petit Merveille

Petit Merveille在普羅旺斯流傳的古語中，是「紫茉莉」之意。以菱形圖像化的紫茉莉與紫茉莉果實裝飾的小圖案，呈現出古典與時尚交融的洗鍊印象。

表布＝ヴィンテージフィール by SOULEIADO
表布＝Vintage Feel by SOULEIADO
（SLFCV-86C）／株式會社TSUCREA

Le Petit Artichaut

以南法代表性蔬菜「朝鮮薊」為主題的花邊帶。

配布＝galon type by SOULEIADO（SLF-22E）／株式會社TSUCREA

No.04

ITEM｜腰部抽皺洋裝
作 法｜**P.54**

在胸口裝飾性地配置了花邊帶的洋裝。藉由腰部鬆緊帶收腰作出曲線，同時也保有穿著的舒適感。以法式袖遮蓋讓人在意的雙臂，亦是讓人開心的優點。

作品製作＝加藤容子

BACK STYLE

No.05

ITEM｜陽傘＆傘套

作 法｜P.82

夏日外出不可欠缺的陽傘，何不試著以喜歡的SOULEIADO印花布製作呢？建議使用平織布或棉Lawn等薄布製作。也別忘了以同款布料製作單提把傘套喔！

作品製作＝キムラマミ

使用布料

La Petite Mouche

意指「可愛的小蟲」，打造使小昆蟲化身時尚小紋路的圖樣。是與自然共生，生活豐饒的南法特有的設計。

表布＝平織布by SOULEIADO（SLF-14C）陽傘材料組＝摺疊款（SHUB-10）／株式會社TSUCREA

成組的傘套，是希望你務必使用同款布製作的品項。

想知道更多！關於SOULEIADO

Q 花邊帶galon type是什麼？

A 花邊帶的法文為galon，是指用於服飾或窗簾等物品的條狀邊緣裝飾。可裁剪或摺疊圖案左右的素色部分，以呈現出喜歡的圖案並進行使用。

Q SOULEIADO可商業使用嗎？

A SOULEIADO布料，是與法國SOULEIADO公司簽訂許可契約，進行企劃、販售。為避免與正式授權商品混淆，請勿販售以SOULEIADO布料製作的作品。

Q SOULEIADO有推出新圖案嗎？

A 2024年夏季新品已在4月推出！有Pavot（罌粟花）、Bleuet（矢車菊）、Farandole Rayures（法蘭多爾舞曲風條紋）共三款。材質皆為Vintage Feel。請以手作享受當季的色彩圖案！

Pavot　パヴォ

Bleuet　ブルエ

Farandole Rayures　ファランドール レイユール

布料洽詢　株式会社TSUCREA　https://tsucrea.co.jp/label/souleiado/

平織布 by SOULEIADO
（Petite Fleur des Champs／ SLF-18Y）
尺寸：約17cm×25cm

SOULEIADO

\人氣圖案！/
以Petite Fleur des Champs來製作吧！

08

No.**06** ITEM｜布墊
作 法｜**P.53**

夾入薄單膠鋪棉，進行1cm寬絎縫，營造出柔和的氛圍。

表布＝平織布by SOULEIADO（Petite Fleur des Champs／ SLF-18Y）／株式會社TSUCREA

No.**07** ITEM｜口金針線包
作 法｜**P.55**

使用和緩M字弧度口金的平面式針線包。擷取Petite Fleur des Champs一塊圖案的針插，非常適合縫紉時暫時放置縫針。

表布＝平織布 by SOULEIADO（Petite Fleur des Champs／ SLF-18Y）／株式 社TSUCREA 口金＝變型口金（2.5寸M型・AG）／京都まつひろ商店

No.**07**

No.06

No.06・07 設計＝くぼでらようこ
No.06 作品製作＝小林かおり
No.07 作品製作＝キムラマミ

Summer Edition
2024 vol.65

CONTENTS

封面攝影　回里純子
藝術指導　みうらしゅう子

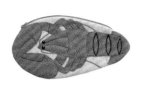

美好☆夏色手作

作品 INDEX

No.24
P. 26 皮革零錢包
作法｜P.83

No.19
P. 23 針線收納包
作法｜P.65

No.18
P. 22 用藥手冊收納包
作法｜P.64

No.17
P. 22 眼鏡收納包
作法｜P.67

No.16
P. 21 筆袋
作法｜P.87

No.08
P. 12 海洋風掛飾
作法｜P.56

No.06
P. 08 布墊
作法｜P.53

No.05
P. 07 陽傘＆傘套
作法｜P.82

ZAKKA&ETC...

No.34
P. 35 彈片口金波奇包
作法｜P.79

No.29
P. 31 六角拼接針插
作法｜P.73

No.28
P. 31 六角拼接圖案方形針插
作法｜P.73

No.27
P. 28 水族館
作法｜P.71

No.26
P. 28 沙灘
作法｜P.70

No.25
P. 28 檸檬與橄欖
作法｜P.70

No.20
P. 23 捲尺套
作法｜P.89

No.36
P. 36 褶襉裙
作法｜P.80

No.35
P. 36 中央褶襉裙
作法｜P.81

No.04
P. 06 腰部抽皺洋裝
作法｜P.54

WEAR

No.37
P. 37 陽傘＆傘套
作法｜P.82

APRON

No.40
P. 41 荷葉邊咖啡館圍裙
作法｜P.88

No.39
P. 40 牛仔圍裙
作法｜P.86

No.30
P. 32 細褶圍裙
作法｜P.74

No.41
P. 42 袖口布 T-shirt
作法｜P.46

手作夏季小物

今年夏季也將非常炎熱,好〜〜熱的季節來到!
何不至少在家中時,以清涼的夏色小物進行妝點呢?

攝影=回里純子　造型=西森 萌

Happy SUMMER

No.08

ITEM│海洋風掛飾
作 法│**P.56**

將漂流木、瓶蓋及衛生紙軸等廢材,與零碼布組合搭配,以
時尚海灘為主題製成吊飾。由於幾乎沒有需要縫製的地方,
如勞作般剪剪貼貼就能完成。因此利用零碎的時間,一個接
一個地製作吧!

No.08創作者…

福田とし子

@beadsx2

從刺繡、編織到縫紉,全方位創作的手
藝家。負責手作宅配型錄Couturier的材
料組設計。

── No.09創作者… ──
細尾典子
@norico.107
拼布・布物作家。可感受到藝術精髓的
手工作品很受到歡迎。著作有《かたち
がたのしいポーチの本（暫譯：有趣形
狀的波奇包之書）》Boutique社出版。

No.09

ITEM｜龍蝦波奇包
作法｜P.58

做一道在海景餐廳享用龍蝦料理如何
呢？在使用25㎝拉鍊的亞麻材質波奇包
上，進行全長29㎝宛如實物的龍蝦貼布
繡後，背面再加上迷迭香及檸檬。那
麼，我要開動囉！

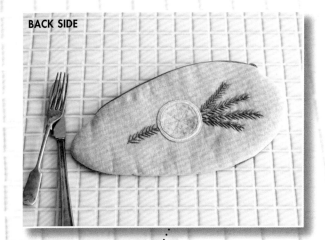

BACK SIDE

來吧！
這次，用疊緣作什麼？

包覆塌塌米邊緣的織帶「疊緣」，是日本正受矚目的手藝材料。
此次將介紹4位人氣作家設計的新色疊緣，邀你一起來玩疊緣手作！

攝影＝回里純子　造型＝西森 萌　妝髮＝タニジュンコ　模特兒＝ベッドナルツ怜奈
疊緣全部＝FLAT（高田織物株式會社）

NEW COLOR!

Outripe
by 赤峰清香（淺灰）

No.10 ITEM｜疊緣海洋風 托特包
作 法｜P.60

以Outripe（斜條紋）疊緣作出點綴效果的托特包。雖然外觀小巧，但側身寬達13cm，是裝入日常必需品綽綽有餘的優秀好物。以疊緣製作的提把，長度掛在手臂上剛剛好。

表布＝Vintage Canvas（#8100-78・stone gray）裡布＝棉厚織79號（#3300-8・sand beige）／富士金梅®（川島商事株式會社）疊緣左＝Outripe by赤峰清香（淺灰）疊緣右＝Outripe by赤峰清香（藍色）／FLAT（高田織物株式會社）

布包設計師・赤峰清香
@sayakaakaminestyle
Outripe（斜條紋）除了原有的紅色、黑色、藍色、綠色4色，再加上新色淺灰色。因灰色較淺，無論什麼顏色或圖案的布料都容易搭配，能輕鬆予人時尚的印象！

14

布小物作家・くぼでらようこ
@dekobokoubou
想將較明亮的條狀格紋花樣再加入好用的
低調色彩，因此追加了土壤色。請選用＆
享受喜愛的色彩，愉快地製作想要尺寸的
工具盒吧！

NEW COLOR!

A

B

C

D

E

條狀格紋
by くぼでらようこ
（土壤色）

No.11

ITEM｜疊緣工具盒S・M
作法｜P.59

在疊緣拼接製成的盒子上，以鉚釘固定的皮革提把
成為了焦點。非常適合收納縫紉用品、文具或零散
的卡片類等物品。

※內部放置的PP收納盒，M號（圖A・B・C）使用約寬11.5×深
34×高5cm，S號（圖D・E）使用約寬8.5×深8.5×高5cm的尺寸
較為剛好。

A・疊緣＝條狀格紋 by くぼでらようこ（海洋藍）
B・疊緣＝條狀格紋 by くぼでらようこ（土壤色）
C・疊緣＝條狀格紋 by くぼでらようこ（森林綠）
D・疊緣＝條狀格紋 by くぼでらようこ（檸檬黃）
E・疊緣＝條狀格紋 by くぼでらようこ（草莓紅）
／FLAT（高田織物株式會社）

統一收納手機或鑰匙等重要物品，小巧的紙袋型隨身包。使用寬1㎝的真皮肩帶、提把、吊耳，增添了高級的氛圍。

疊緣＝飛機 by komihinata 杉野未央子（藍色）／FLAT（高田織物株式會社）

手藝作家・komihinata 杉野未央子
@komihinata
一開始是以飛行於藍天中的飛機為意象進行圖案設計，但突然覺得「天空不是藍的或許也不錯？」因此這次為了方便小物製作，選擇了粉紅色、藍色、灰色。你若能在其中找到喜歡的顏色，我就太開心了！

NEW COLOR!

飛機
by komihinata・杉野未央子
（左起為灰色、藍色、粉紅色）

16

讓人想起懷舊「香包」的迷你束口袋，只要有長20cm的疊緣即可製作。用來收納飾品、鑰匙或藥錠非常方便。

··

疊緣＝人字紋 by neige＋・猪俣友紀（藻綠色）／FLAT（高田織物株式會社）

NEW COLOR!

人字紋
by neige＋猪俣友紀
（藻綠色）

手藝創作者・neige＋猪俣友紀
@neige__y
從我珍藏至今的零碼布收藏之中，以特別喜愛的一款為基礎，搭配上深綠色。成熟風格的用色，以及能成為作品低調點綴的設計，是我中意之處。

Scbappe Spun誕生的契機是？

大正10年創立於京都西陣，以販賣蠶絲起家的「藤井太一商店」是Fujix前身。在日本仍以棉及絲等天然纖維為主流的昭和40年代，當時的藤井幸二社長（已故）於歐洲考察時，察覺當地縫線已逐漸改用合成纖維，因此決定開發取代天然纖維，耐久性好且方便使用的家用縫線，而在1974年推出了Scbappe Spun。

Scbappe Spun是什麼意思？

Scbappe在德語中是「絲線」的意思，Spun則是指短纖維。由於當時是以歐洲線材為靈感所研發，因此將德文Scbappe加入命名，定名為Scbappe Spun。

歡慶！

SCBAPPE SPUN
50周年

手作不可欠缺的線材Scbappe Spun，今年迎來了誕生50周年。藉此機會，一起來深入了解Scbappe Spun吧！

Scbappe Spun的講究之處是？

作品耐用！

與一般聚酯纖維車線的30至40mm纖維長度相比，Scbappe Spun平均在100mm左右的長纖是其特色。由於不易斷裂、韌性佳，因此以作品強韌且耐用為魅力。

縫線漂亮！

Scbappe Spun由於是以特殊加工法製作，因此擁有如絲般的滑順光澤，也兼具棉質能融入布料的優勢，所以可車出美麗的縫線。

不易造成車縫問題

與一般的聚酯纖維車線相比，Scbappe Spun特色在於表面起毛少，較為滑順。由於起毛少，不易產生棉絮，因此亦可防止車縫時發生異常。

4種Scbappe Spun如何區分用途？

#30

粉紅色線軸的
厚布專用縫線

可牢牢地車縫厚布，亦可當成繡線使用。

色數　200色
車針　14至16號
布料種類　丹寧布、帆布、不織布、燈心絨、疊緣

#60

藍色線軸的
一般布專用縫線

從稍薄到厚布皆可車縫的萬用線。

色數　300色
車針　9至11號
布料種類　密紋平織綿布、平織布、亞麻布

#90

黃色線軸的
薄布專用縫線

用於縫製細緻脆弱的布料。縫線細且工整。

色數　200色
車針　7至9號
布料種類　Lawn、歐根紗、紗布

手縫線

綠色線軸的
手縫線

與車縫線輾線方向不同的手縫專用線。不易打結或斷線，縫紉手感順暢。

色數　200色
縫針　手縫針4至9號
※線的粗細相當於#50。縫針則依布料厚度選用。

訪問人氣作家！
我與Scbappe Spun的故事

在手作家之間，Scbappe Spun也廣受歡迎！
請欣賞以下圖文並茂的分享，一起來看看關於Scbappe Spun的小故事。

在Fujix的網路商點「糸屋」購買的Scbappe Spun專用箱。

由於常使用8號帆布這類厚布來製作作品，因此非常愛用Scbappe Spun30號。

STORY:1

布物作家·
くぼでらようこ
@dekobokoubou

製作作品時，除了依布料顏色選擇車縫線，也經常根據車縫位置而改變上下線的顏色。自從幾年前在HOBBY SHOW中發現了色彩樣本冊，認識到無需拿著零碼布到手藝店的方便性之後，就變得越來越要求布料與線色的搭配性。在準備出版以具有古典風格的French General布料為主題的書籍時，正值疫情大爆發。在很難從手藝店買到線材的時期，Cotton Friend的總編根本小姐為我到處收集線材，才得以製作出連縫線也很講究的作品……現在每當看到這本書，我就會回想到那一段的小插曲。

STORY:2

布包設計師·
赤峰清香
@sayakaakaminestyle

我到現在依然會想起在窗邊踩著縫紉機，已故母親的背影。以服裝的訂作及修改為業的母親，工作用的縫紉機上總是裝著Scbappe Spun。Scbappe Spun不僅是家母愛用的車縫線，同時也是滿載著我對家母回憶的車縫線。對於成為布包設計師的我而言，創作時不能沒有縫製效果堅固耐用的30號Scbappe Spun。

第一次使用Scbappe Spun90號線是在服裝學校時代，為了製作上衣作業縫製雪紡布料。當時那既不破壞輕薄柔軟的布料質感，又能完成蓬鬆的車縫效果的印象讓我深受感動，並學會了依材質選擇線材的重要性。即使到了現在，在車縫Lawn這類輕薄的夏日素材或脆弱的布料時，依然會選擇90號。此外，像Liberty這種用色繽紛的布料特別容易煩惱選色，但Scbappe Spun90號因色彩豐富，總能為找到搭配圖案的色線提供可靠的後援。

STORY:3

縫紉作家·
加藤容子
@yokokatope

線材樣本冊是製作作品的好夥伴。每當能絕佳地搭配布與線的色彩，我就會很開心。

用色眾多的Liberty布料也可以找到適配的顏色。

捲繞60號線的梭子，為避免弄錯，與線軸成套收納。

紅色系、藍色系、咖啡色系，像這樣大致按照顏色分類，放入塑膠袋中保存。

夏日零碼布好點子

果然～還是想製作可以用零碼布迅速縫製的簡易小物。

因此，開始夏色的零碼布手作吧！

攝影＝回里純子　造型＝西森 萌　No.19～21　作品縫製＝小林かおり

扣合塑膠壓釦，
就能收整得很小巧。

No.15至17創作者…

小春
YouTube頻道　小春手作學院
▶@Koharushandmade

頻道訂閱人數超越16萬人的人氣手作Youtuber。
新書《「YouTuber小春のあっと驚く洋服レシピ！家庭用ミシンでかんたん革命ソーイング（暫譯：YouTuber小春的驚奇服裝製作！家用縫紉機的簡易革命縫紉）》Boutique社出版。

No.14　ITEM｜箱型錢包
　　　　作 法｜**P.62**

10×10cm掌上尺寸的小巧箱型摺疊錢包。上下內側有收納卡片的口袋，鈔票亦可摺疊放入。

表布＝平織布 by Tilda（100334・Coral Reef Blue）／有限會社Scanjap Incorporated

20

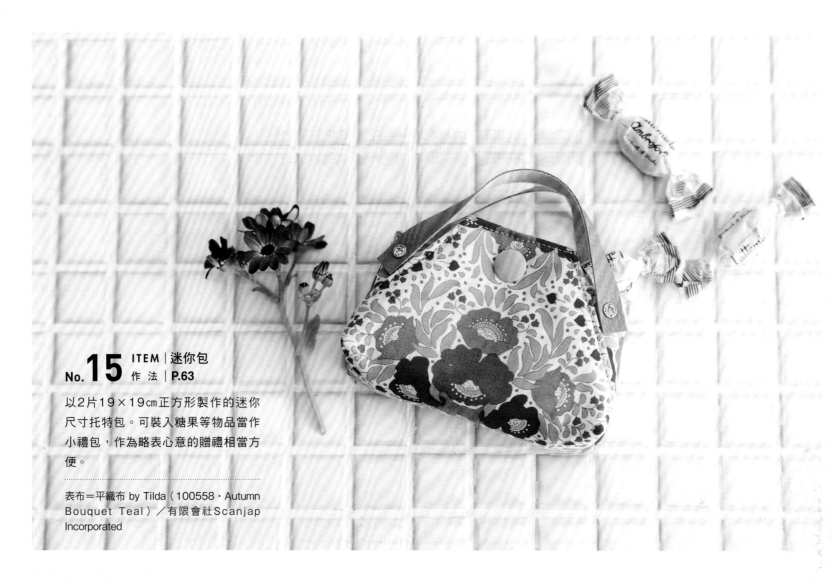

No.15 ITEM｜迷你包
作法｜P.63

以2片19×19cm正方形製作的迷你
尺寸托特包。可裝入糖果等物品當作
小禮包，作為略表心意的贈禮相當方
便。

表布＝平織布 by Tilda（100558．Autumn
Bouquet Teal）／有限會社Scanjap
Incorporated

No.16 ITEM｜筆袋
作法｜P.87

三角狀的可愛筆袋。由於貼上較厚的
襯，裝入剪刀等工具也沒問題。因袋
型筆挺，亦可作為眼鏡盒使用。

表布＝平織布 by Tilda（100335．
Ocean Flower Blue）／有限會社Scanjap
Incorporated

No.**17** ITEM｜眼鏡收納包
作法｜P.67

將圖片左右內摺的簡易式眼鏡收納包。
夾入鋪棉襯使其蓬鬆，緩衝性也優異。

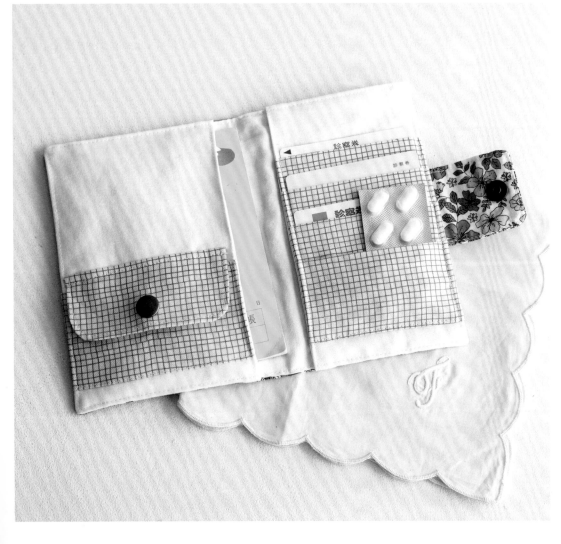

No.**18** ITEM｜用藥手冊收納包
作法｜P.64

可將用藥手冊、診察券以及醫療證等相
關物品統一收納。以喜愛的布料，為家
人們各作一個也很不錯！

No.**19**　ITEM｜針線收納包
作法｜P.65

展開時如花朵形狀，收起則會呈現愛心形的針線收納包。針插部分使用不織布。要不要插上可愛的珠針作為贈禮呢？

No.**20**　ITEM｜捲尺套
作法｜P.89

將均價商店的捲尺進行可愛改造！放上鋪棉，以零碼布包覆製作成馬卡龍風捲尺。備好邊長20cm的正方形零碼布即可製作，所以相當推薦。

攝影＝回里純子　造型＝西森萌　妝髮＝タニジュンコ　模特兒＝ベッドナルツ怜奈

BAG with my favorite STORY

赤峰清香的布包物語

布包作家赤峰清香老師認為，轉換心情就靠閱讀！將在每一期伴隨親筆寫下的感想文，向大家介紹想要推薦的喜愛書籍，並製作取其內容為創作意向的設計包款。請和介紹的書籍一同享受企劃主題「布包物語」。

摺疊後可收入內口袋，
便利性高。

接縫提把、本體、布環、滾邊條製成的單層環保袋。摺疊側身的設計，使容量比外觀更大。固定包口的鈕釦與底部裝飾的配布為亮點。

P.24左・表布＝棉厚織79號 海洋圖案（米色）
P.24右・表布＝棉厚織79號 海洋圖案（藍色）
／ CF marché

赤峰小姐不私藏傳授！

關於海洋圖案帆布

這次表布所使用的海洋圖案布料為富士金梅®棉厚織79號，是比牛津布稍微更有厚度與挺度的高密度布料。雖然我常用於布包裡布，但若加上圖案，就成為當作表布也極有存在感的布料。這次除了設計手繪感的多種帆船，且因為希望使用時無需顧慮上下方向，所以帆船是以漂浮的方式散佈於各處喔！

對我而言，「潮風」系列是會讓人想品嘗美味海鮮的書，是想靜靜地凝視著葉山大海的書，也是讓人懷舊回想起學生時期期戀愛回憶的書。大約一年前，受到標題與封面吸引而入手《潮風キッチン》。自此徹底迷上，也仔細閱讀了續集《潮風メニュー》、《潮風テーブル》。

「潮風」系列有許多魅力，其中之一便是新鮮的海鮮。18歲年輕店主製作的章魚飯、鬼頭刀漢堡、炸白身魚……書中出現的菜餚每道看起來都好好吃，全都想品嘗看看！其中特別引人食慾的，是用新鮮的花枝及章魚製作的海鮮義大利麵，令人彷彿已聞到蒜香，肯定是讓人迫不及待地想品嘗看看，無論如何都想照著書中的作法製作的一道菜。由於書中也出現許多其他料理的場景，因此特別想推薦給料理愛好者們。

故事本身還融入了食品問題、家庭問題，以及兒童們的貧困與基本體力不足等現代社會現況。會讓人思考起關於食物、金錢價值以及今後兒童們的未來，但卻又不會太過於沉重，可輕鬆地閱讀。是宛如海風輕撫臉頰一般，溫暖的故事。雖然閱讀過後神清氣爽，但好在意兩位主角的後續發展啊！也讓人更加期待續作。

那麼，來吧！從這本書聯想到的，除了這個再也沒有別的——就是海洋圖案環保袋！「潮風」系列的藍、黃、白擺在一起的模樣，不是很像可愛的海洋風雜貨嗎？並非服飾店，而是喜愛簡約海洋風的店主所經營的生活雜貨店；本次設計的概念，就是想像會放在這樣店裡的提袋。

※暫譯：潮風餐桌
潮風廚房
潮風菜單

《潮風テーブル》 喜多嶋隆（KADOKAWA／角川文庫）
《潮風キッチン》 喜多嶋隆（KADOKAWA／角川文庫）
《潮風メニュー》 喜多嶋隆（KADOKAWA／角川文庫）

海洋圖案環保袋

★單層樣式。
★兩脇縫份為袋縫。
★本體摺疊之後，可收納入內口袋中。

布環
直條紋
（白底格紋）

38cm

摺疊側身
249cm

約31cm

海洋圖案

以直條紋（白底格紋）布料包捲作為亮點

profile　赤峰清香

文化女子大學服裝學科畢業。於VOGUE學園東京、橫濱校以講師的身分活動。近期著作《仕立て方が身に付く手作りバッグ練習帖（暫譯：學會縫法 手作包練習帖）》Boutique社出版、《設計師的帽子美學製作術：以20款手作帽搭配出絕佳品味》雅書堂出版，內附能直接剪下使用的原寸紙型，因豐富的步驟圖解讓人容易理解而大受好評。

⊙ @sayakaakaminestyle

手藝作家neige＋猪俣友紀×Prym

以家用手壓鉗VCT準備旅行

預定要進行長期旅行的手作作家 neige＋猪俣友紀，將以家用手壓鉗VCT（Vario Creative Tool的簡稱）準備旅行！你也一起來製作用起來時尚的旅行用品如何呢？

攝影＝回里純子　造型＝西森 萌　妝髮＝タニジュンコ　模特兒＝ベッドナルツ怜奈

No.22

No.23

No.24

No.24 ITEM｜皮革零錢包
作法｜P.83

將一塊皮革裝上兩組壓釦，摺疊成三角形即可完成零錢包的優質設計。若是使用VCT，即使3至5mm左右厚的皮革也能順暢地安裝壓釦。

風衣壓釦 15mm（390 301）
雙面鉚釘 9mm（403 171）
／ Prym Consumer Japan

No.23 ITEM｜束口後背包
作法｜P.66

以尼龍布製作的束口後背包，輕巧又不易皺，用於旅行非常適合。穿入繩子的14mm雞眼釦也是一大設計元素。

單面雞眼釦 內徑14mm（541391）
／ Prym Consumer Japan

作法影片看這邊！

No.22 ITEM｜隨身包
作法｜P.68

票卡等常用物，若能好好收納於可迅速取用的隨身包中，就會很方便。此作品使用No.23束口後背包的同款尼龍布製作，可享受成套搭配的樂趣。

單面雞眼釦 內徑11mm（541 390）
雙面鉚釘 直徑7.5mm（403 170）
／ Prym Consumer Japan

作法影片看這邊！

手作作家 **猪俣友紀**
:camera: @neige__y
:arrow_forward: @neige7
以YouTube「neige手作生活」為主,也透過Instagram等社群平台每天分享手作樂趣。

VCT是什麼?

VCT~Vario Creative Tool
商品 No.:390903

Vario Creative Tool簡稱VCT,是可簡單安裝雞眼釦及鉚釘等零件,來自德國的家用手壓鉗。

■ **重量約630g,輕巧便攜,**
■ **運作安靜。**
■ **從穿洞到安裝零件,一台搞定。**

以上優點獲得手作者們的熱烈支持。

簡單使用VCT!雞眼釦安裝方法

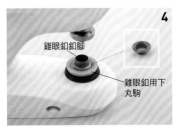

將雞眼釦釦腳部分重疊於下丸駒。

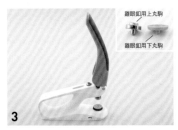

拔下穿洞用丸駒,在VCT本體裝上雞眼釦專用丸駒(需另購)。

布料開好洞了。

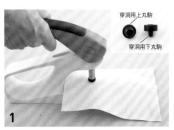

將穿洞用的丸駒安裝於機器本體,將布料夾入中間,壓下把手直到發出「喀擦!」的聲音。

雞眼釦安裝完成。

壓下把手,直到發出「喀擦!」的聲音。

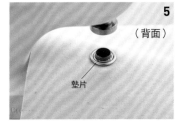

放上步驟2穿好洞的布料&雞眼釦墊片。

Prym NEWS!

彩色雞眼釦新上市!

為目前只有銀色及金色的雞眼釦,增添亮麗色彩!全12色,尺寸為內徑11mm和14mm。可按照布料選擇雞眼釦顏色,或以雞眼釦作為作品亮點等,用法多采多姿。

單面雞眼釦 內徑11mm
厚度:1至3mm用 20組
商品No.:542544(黃色)

單面雞眼釦 內徑14mm
厚度:1至3mm用 15組
商品No.:542564(黃色)

VCT新色上市!

今年夏天,VCT推出新色了!分別為綠色、粉紅色、灰色把手的三款,加上目前現有的紫色共4色。請從中挑你喜愛的顏色,或搭配縫紉空間的布置擺設進行選擇。

390906
390907
390908

Vario Creative Tool
(附打孔沖・2.5/3.0mm、3.5/4.0mm用)
VCT ~ Vario Creative Tool

商品No.:390908(綠色)
　　　　390907(粉紅色)
　　　　390906(灰色)

刺繡壁飾

活用繡框的壁飾是相當推薦的手作。若使用Clover彩色繡框進行刺繡，就直接裝飾在室內牆面上吧！試著以可愛的夏日主題刺繡＆夏季色彩的繡框，快速換上時尚的室內布置。

攝影＝回里純子　造型＝西森 萌

No.25
ITEM｜檸檬與橄欖
作 法｜P.70

No.26
ITEM｜沙灘
作 法｜P.70

No.27
ITEM｜水族館
作 法｜P.71

P.28刺繡製作者…

刺繡作家annas・川畑杏奈

刺繡工具店Atelier ANNA＆LAPIN店主。5月將發行新書《annasの雜貨の刺繡（暫譯：annas的雜貨刺繡）》光文社發行。並有其他多本著作。

annas YouTube頻道
@annasannas

→

以10cm・12cm・15cm繡框，將色彩與刺繡進行搭配組合。檸檬色的繡框繡上檸檬與橄欖。沙灘則以沙岸印象繡上泳衣、遮陽帽與相機等可愛的圖案。水族館則設計成如海洋生物漂浮於海中一般。請將刺繡框當成相框，直接裝飾在牆面上吧！

上・刺繡框＝彩色繡框10cm〈檸檬〉（57-260）
中・刺繡框＝彩色繡框12cm〈象牙〉（57-262）
下・刺繡框＝彩色繡框15cm〈藍色〉（57-265）
／皆為Clover株式會社

COLORFUL EMBROIDERY HOOP

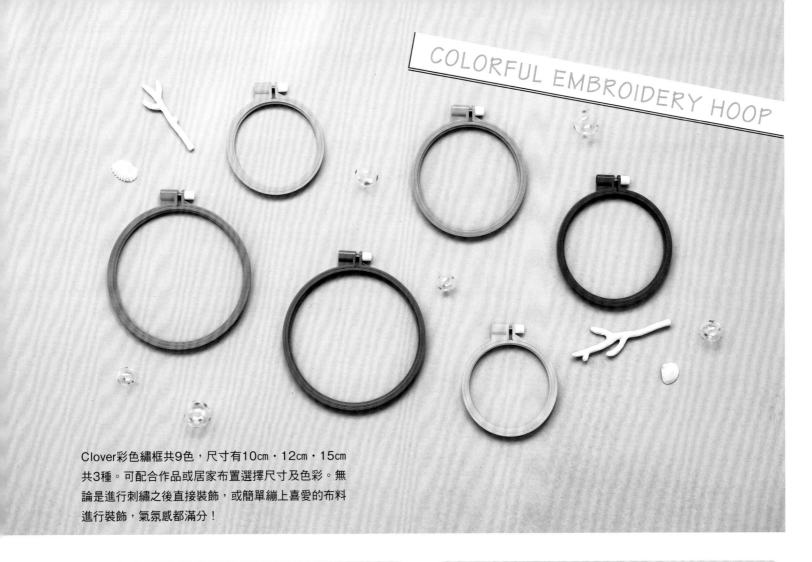

Clover彩色繡框共9色，尺寸有10cm・12cm・15cm
共3種。可配合作品或居家布置選擇尺寸及色彩。無
論是進行刺繡之後直接裝飾，或簡單繃上喜愛的布料
進行裝飾，氣氛感都滿分！

素雅成熟色調

灰色 10cm　　　海軍藍 12cm　　　咖啡色 15cm
〈57-258〉　　　〈57-261〉　　　〈57-264〉

柔和粉彩色調

粉紅色 10cm　　　象牙色 12cm　　　藍色 15cm
〈57-259〉　　　〈57-262〉　　　〈57-265〉

可愛鮮明色調

檸檬色 10cm　　　紫色 12cm　　　珊瑚色 15cm
〈57-260〉　　　〈57-263〉　　　〈57-266〉

彩色繡框

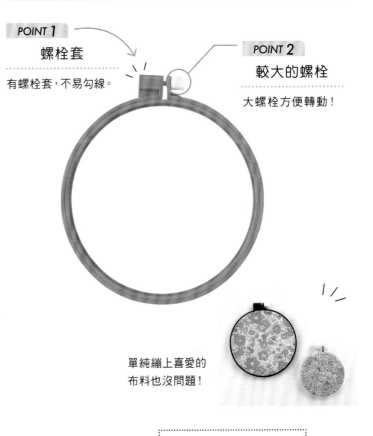

POINT 1
螺栓套
有螺栓套，不易勾線。

POINT 2
較大的螺栓
大螺栓方便轉動！

單純繃上喜愛的
布料也沒問題！

洽詢　Clover株式會社

29

ATELIER
Jeu de Fils

布×刺繡×針插

刺繡家‧Jeu de Fils高橋亜紀的新連載開始！
透過常備在手邊，長年持續製作的「針插」，
傳遞布料的魅力、手作與刺繡的樂趣。

攝影＝腰塚良

將回憶中的抱枕，縮小製成針插

雖然目前已丟失，但我曾有一個舊的六角形迷你抱枕。只以白色麻布製作的迷你抱枕，中間有著小小的紅色英文字母刺繡，宛如小花一般。雖然原本就有好幾個很喜愛的拼布圖案，但自從發現這個抱枕以來，就在喜愛清單中增加了六角形。

然而，去年與友人Sophie製作作品集小手冊時，看到她作的迷你六角形波奇包，不自覺地大叫，怎麼這麼可愛！就這樣燃起了久違的拼布熱情，自己也製作了相同的波奇包。我注意到藉由連結六角形，讓拼接的布料呈現蜂巢結構，可變成無論橫向還是直向都很堅固的布料。

在所有布料都很珍貴的年代，六角形拼接而成的拼布，除了耐用，還很像家中可愛的小小花圃。

即使無法製作大型拼布，預先作好小六角形，再加以拼接或在布料的污漬上進行貼布繡等應用；將變得小塊的珍貴布料蒐集起來，並使其再次重生，無論何時看到成品，都帶來相當愉快的時光。

Jeu de Fils
刺繡家‧高橋亜紀。自幼便對刺繡產生興趣，居住在法國期間，一邊與各地手藝家交流，同時開始蒐集古老刺繡、布料以及資料。目前除了在工作室與文化中心舉辦講座，也持續發表作品。
@jeudefils

30

使用因捨不得丟棄，保留下來的零碼布。No.28是
單邊12mm，No.30則是單邊16mm，以翻車法製作
的兩種設計款六角拼接針插。且將剩餘的鋪棉拆
開，作為填充棉塞入，展現無論布料或材料都毫不
浪費的運用巧思。

No.**28**

No.**29**

攝影＝回里純子
造型＝西森 萌
妝髮＝タニジュンコ
模特兒＝ベッドナルツ怜奈

鎌倉SWANY Style

以CABBAGES & ROSES進行夏日準備

布料商店鎌倉SWANY將為你介紹來自英國的人氣印花布CABBAGES & ROSES。

一起看看如何用於接下來即將開始進行的夏日準備吧！

No.30

ITEM｜細褶圍裙

作 法｜**P.74**

這是鎌倉SWANY推出的
眾多圍裙之中，最受歡迎
的款式。容易製作，穿著
時呈現低調的華麗感，且
方便穿脫都是重點。在此
使用突顯大圖案的Toile de
jouy風格印花。

BACK STYLE

CABBAGES & ROSES

由英國設計師Christina strutt在2000年創立於英國的居家佈置＆布
料品牌。理念是自然簡約，無時間性的美感。鎌倉SWANY從眾多名
作之中，挑選了適合手作的圖案。

No.**31**　ITEM｜多皺褶包
作 法｜P.76

正如其名，是以大量皺褶為重點的布包。放入物品時，展開呈
扇形的剪裁非常漂亮。並以三條細提把的變化挑起玩心。

作法影片看這邊！

https://youtu.be/eki_UNfi2wg

作法影片看這邊！

https://youtu.be/
kG40LHSKoWg

No.32

ITEM 貝殼包

作法 P.77

波士頓式的時尚拉鍊包。由於沒
有裝物品也能自立，因此當想要
離手放置一旁時也沒問題。細提
把與布料顏色非常搭配。

No.34

No.33

No.33
作法影片看這邊！

https://youtu.be/
Bb5bU7xNy6I

No.34
作法影片看這邊！

https://youtu.
be/4U2tlnWC8-I

No.34

ITEM 彈片口金波奇包

作 法 **P.79**

使用**No.33**長形祖母包同款布料製作的波奇包，可享受配成一套的樂趣。透過使用較深色的素色口布，襯托出印花圖案。

No.33

ITEM 長形祖母包

作 法 **P.78**

大小適合短暫外出或作為貼身包的祖母包。在底部加入尖褶，作出側身，成為方便使用的設計。

No.36 ITEM｜褶襉裙　作法｜P.80

與No.35的箱褶裙作法不同，依紙型製作腰部鬆緊褶襉裙
吧！這款是在腰部周圍打褶，作出截然不同的感覺。

No.35 ITEM｜中央褶襉裙　作法｜P.81

使用剪成94cm寬的2片布料，在中央打褶的腰部鬆緊帶長
裙。使用橫向長方形布料，僅需車縫直線，就能製作出活
用了拼布風印花的美麗作品。

每年春季至夏季初，鎌倉SWANY開設
的講習會中最受歡迎的作品就是陽傘。
賞心悅目的拼布圖案，很推薦製作成陽
傘喔！

製作精良的布包與
小物LESSON帖

布包講師・冨山朋子好評連載。將為你介紹活用私房布料，
製作講求精細作工及實用性的布包。

攝影＝回里純子　造型＝西森 萌　妝髮＝タニジュンコ　模特兒＝ベッドナルツ怜奈

PROFILE
布包作家・講師冨山朋子

@popozakka

不使用珠針，以勞作的布包作法完成作工整齊美觀的布包
作家。在東京荻窪的針線室Vie Coudre開設的布包教室
「製作精良的布包講座」很受歡迎。著有《とっておき
の布で作る仕 立てのよいバッグとポーチ（暫譯：用壓
箱布料製作精良車工的布包與波奇包）》Boutique社出
版。

SHOP
表布使用的布料在這邊！

COLONIAL CHECK
東京都港區白金台 5丁目 3-6

No.38 ITEM | 格紋橫長托特包
作法 | P.84

活用寬條交錯格紋的寬版橫長托特包。
雖然看起來小巧，但側身有14cm，除了
500ml寶特瓶及錢包之外，甚至波奇包
與A5尺寸的書籍也能一併裝入。

表布＝手紡棉布／COLONIAL CHECK
裡布＝棉厚織79號（＃3300-3 原色）
　　　／富士金梅®（川島商事株式會社）

攝影＝回里純子
造型＝西森 萌
妝髮＝タニジュンコ
模特兒＝ベッドナルツ怜奈

以Nouvelle1000更加自由製作

手作風格圍裙

縫線美觀、強力送布等，
使用操作性舒適且優異的專業縫紉機
「Nouvelle1000」作為手作用縫紉機，
隨心所欲地完成想要的效果。

No.39‧40創作者…
縫紉作家
加藤容子

No.39

ITEM｜牛仔圍裙
作 法｜P.86

選用13.5oz牛仔布製作簡約
時尚的圍裙。就算是處理厚
布或重疊縫份的較厚部分，
Nouvelle1000都能順暢車
縫。由於有粗線引導，因此
可漂亮地車縫出30號線的壓
線。

口袋裝有內徑14mm的雞眼釦，
可穿入毛巾。

BACK

40

ITEM | 荷葉邊咖啡館圍裙
作 法 | **P.88**

下襬接縫荷葉邊的咖啡廳風格圍裙。雖然薄布的線張力較難調節，但若是選擇Nouvelle系列，車縫時就不會發生布料拉扯或線卡在針孔裡的狀況。

BACK

Nouvelle1000的推薦特點

從厚牛仔布到薄Lawn，無論什麼材質都能漂亮車縫！

專門車縫直線的專業縫紉機，結合了brother便利功能的Nouvelle1000，具有任何材質都能漂亮車縫的功能。

POINT 1
粗線引導

車縫厚布使用粗線時，透過將線繞在這個粗線引導，無需將線張力調節鈕轉強，即可平衡線張力。布料重疊較厚的部分，Nouvelle也能迅速地車縫。

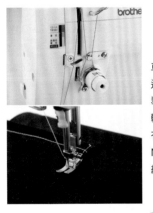

POINT 3
送布齒高度可4段調節

利用送布齒升降鈕可讓送布齒4段式上下升降，因此從薄布到厚布皆可按照布料選擇送布齒高度。

送布齒上升

送布齒下降

送布齒升降鈕

使用的縫紉機種

Nouvelle 1000（ヌーベル1000）

JAN code：4977766832663
〈含輔助桌・腳踏板・軟式防塵套〉
寬46cm×深19.5cm×高32cm
重量10.8kg（未安裝輔助桌時）

POINT 2
送布針裝置

車縫時容易對不齊或偏移的絨布及喬其紗等柔軟材質，藉由brother特有的送布針裝置，也能確實地送布＆輕鬆車縫。

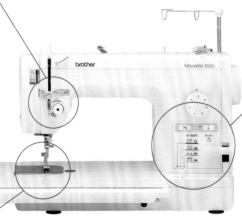

洽詢・行銷業務 brother販賣（株）

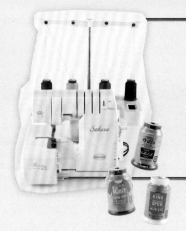

拷克機新手 大・作・戰！

當開始沉浸於縫紉的世界時，首先注意到的就是「拷克機」。一定要有嗎？有的話可以作什麼？以下將一邊解答你的疑惑，一邊傳授拷克機的使用方式。

攝影＝回里純子　造型＝西森 萌　妝髮＝タニジュンコ　模特兒＝ベッドナルツ怜奈　合作＝（株）babylock

拷克機可辦到！這些事＆那些事……

2

使用捲邊密拷為作品增添亮點

「捲邊密拷」功能可進行布邊的裝飾縫，能製作出以線條色彩為亮點的作品。

No.42　ITEM｜環保袋
作　法｜P.85

尼龍布製作的環保包。使用一邊摺疊布邊一邊緊密捲邊車縫，稱之為「捲邊密拷」的功能，不但無須處理縫分，縫線也能成為搶眼的設計。

1

可進行針織布的縫製！

彈性布的縫合與布邊處理可一次搞定，所以T-shirt或針織衫等針織布料的縫紉就交給它吧！

3

可漂亮地處理布邊！

能迅速漂亮地車縫布邊。使用「裁刀」，裁切布邊並進行捲邊縫，這樣一來成品會很工整美麗。

No.41・42製作者…

クライ・ムキさん（@kurai_muki）

簡單、漂亮、時尚的拷克機縫紉第一人。出版許多拷克機裁縫的相關著作，也擔任手藝專門店Craft Heart Toaki店內舉行的縫紉教室「クライ ムキ流縫紉學校」的監製。

No.41　ITEM｜袖口布T-shirt
作　法｜P.46

推薦拷克機新手的作品，是在落肩袖接縫袖口布的T-Shirt。無論是袖口布、領圍或下襬處理，僅需拷克即可製作。選擇不易扭轉、捲起，好處理的針織布料來製作吧！

拷克機 Q&A

手作資歷第3年的A子小姐
從製作口罩開始迷上手作。除了以家用縫紉機製作波奇包等小物,也想挑戰製作服飾,因此最近一直在注意拷克機。

Cotton Friend 編輯部員W
一開始使用的拷克機是學生時代買的1針3線。現在則擁有2針4線的拷克機,從小物到T-Shrit製作,都積極活用中。

A 是另一種用途的機器。由於是拷邊專用機器,所以無法車縫直線。

Q 拷克機與家用縫紉機的差異到底為何?

雖然與家用縫紉機的Z字車縫功能類似,但能比Z字車縫更加迅速地車縫出漂亮且耐用的布邊縫。

拷克機　　Z字車邊

何謂拷克機
- 車縫布邊(防止布邊脫線)專用機器。
- 需要2至4道線。無梭子。
- 附有裁刀,可一邊裁切布邊,一邊進行車縫。
- 只能車縫布邊。
- 無倒退縫功能。

拷克機是這樣的機器!

線與針趾的關係

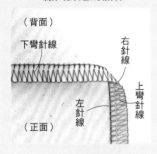

(背面)
下彎針線
右針線
上彎針線
左針線
(正面)

針(2支)
※使用1針時,基本上是拆下左針。

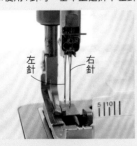

左針　右針

(針趾拷克密度粗細)
(針趾拷克寬度寬度)

線
雖然能使用各種線,不過基本上是使用拷克專用線。

60號
縫合針織布時使用的線

90號
進行布邊縫使用的線

線

左針線　右針線　上彎針線　下彎針線

壓布腳

拷克寬度調整紐
可調整拷克幅度(針趾寬窄)的旋鈕

針趾密度調節紐
可調節拷克密度(針趾粗細)的旋鈕

裁刀
用於裁切布料

壓布腳升降桿
可升降壓布腳的手把

手輪
往自己方向轉動,使車針下上移動

差動
可延展或縮起布料,進行車縫的功能
※差動的用法參照P.46。

裁刀鎖定鈕
不使用裁刀時,轉到〈LOCK〉鎖住裁刀
※裁刀用法參照P.45。

腳踏板
踩踏腳踏板進行車縫。速度調整是依踩踏的強弱控制。請以腳跟著地的狀態慢慢踩。

※使用機種:Sakura(BLS-S)/(株)babylock

A 建議選擇有以下三種功能的機種。

Q 拷克機要以什麼為標準來選擇？

❸ 有自動調整線張力功能

因需要平衡地調節4（3）道線的張力，若有自動調整線張力的功能，則能省略此步驟。

❷ 有自動穿線功能

過去所有線都需要自己穿，給人「拷克機＝穿線複雜又困難」的印象。現在已經有藉由氣壓穿線的功能，只須按下按鈕就能輕鬆穿線。

❶ 2針4線

推薦2針4線，可進行縫合，還能拆下針線以1針3線進行拷克的機種。

平衡性良好的針趾

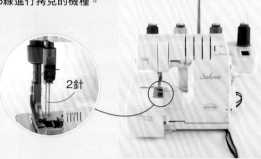

4線

2針

A 以下列三件事為主。

Q 拷克機能作些什麼？

1. 防止布邊脫線（使用1針3線功能）

1針
3線

留1支右針，以右針線、上下彎針線進行拷邊。

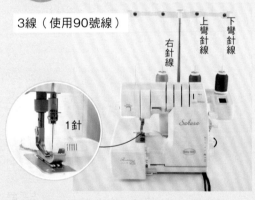

3線（使用90號線）

右針線　上彎針線　下彎針線

1針

為免針趾過厚，使用90號線。

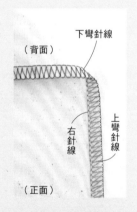

（背面）

下彎針線

右針線

上彎針線

（正面）

用於服裝縫份或單層束口袋、布包等，以防止會露出縫份的作品脫線。能作出耐用又正式的效果。

2. 縫合針織材質（使用2針4線功能）

2針
4線

使用左右2支針，以左右針線、上下彎針線共4線，同時進行縫合與拷邊。

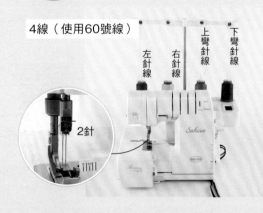

4線（使用60號線）

左針線　右針線　上彎針線　下彎針線

2針

為了作出耐用的效果，使用60號線

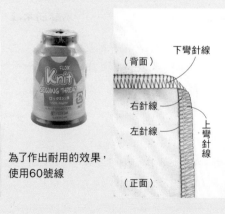

（背面）

下彎針線

右針線

左針線

上彎針線

（正面）

使用2針4線同時進行拷邊與縫合。由於針趾有彈性，因此最適合縫合針織材質。

※袖口布T-Shirt的作法見P.46。

3. 捲邊密拷（使用1針3線功能）

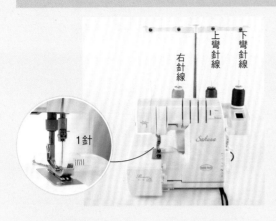

右針線　上彎針線　下彎針線

1針

上彎針線使用彈性QQ線，就能讓針趾呈現出立體感。

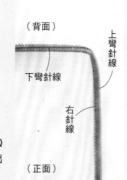

（背面）

下彎針線　上彎針線

右針線

（正面）

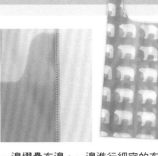

一邊摺疊布邊，一邊進行細密的布邊縫，可用於裝飾縫等處理。

※環保袋的作法參照P.85。

A 一但熟練，就很簡單。馬上來車縫看看吧！

Q 拷克機是一邊裁切布端，一邊車縫嗎？好像很難⋯⋯

裁刀

③起縫點是將裁刀移至最上方，把起縫點插入至裁刀根部。

※布邊位置請參照下述裁刀用法。

空環

②踩腳踏板，作出約5cm的空環（車線形成的編織環）。

線頭　手輪

①降下壓布腳，一邊壓住線頭一邊將手輪往自己方向轉動，先不放置布料車縫幾針。

⑤車縫至尾端時，作出10cm空環（約至拷克機的平台邊緣），切斷多出的線。

由於會自動送布，因此無須拉扯或推擠。

④坐下時，讓針的正面對齊身體中心，左手輕放在布料左側，右手則拿著布料靠身體處，開始車縫。

「裁刀」的用法

裁切布邊車縫	不裁切布邊（鎖住裁刀）	不裁切布邊	裁刀
			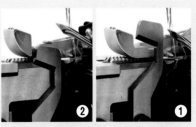

裁切布邊車縫

裁刀

預先多抓一點縫分，在布料一邊裁切等寬的布料，一邊車縫。

不裁切布邊（鎖住裁刀）

裁刀鎖定鈕

鎖住裁刀（LOCK）車縫，就不會裁切布邊，而是會沿著裁刀車縫布邊。

不裁切布邊

裁刀

布邊

將布邊靠在裁刀上，僅裁切布邊脫線進行車縫。

裁刀

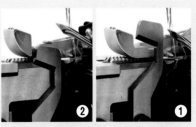

❷　❶

❶位在壓布腳旁的裁刀一邊裁切布邊，一邊進行車縫。

❷不使用裁刀時，要鎖住裁刀。

A 由於拷克機無倒退縫的功能，因此起縫與終縫殘留須約10cm的空環，然後收針以避免脫線。

Q 拷克機倒退縫該怎麼作？

穿入針趾內

（背面）

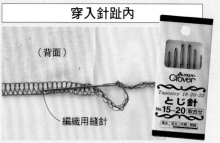

（背面）

編織用縫針

②穿入約3至4cm，剪斷多餘線頭。

①將空環穿入編織用縫針（毛線用大針孔縫針），穿入針趾背面或與布料重疊的間隙當中。

線頭打結

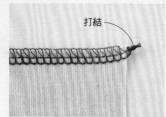

打結

空環

②將空環在布邊打結，剪去多餘線頭。

①輕拉空環，使其變得細長。

使用2針4線拷克 **製作No.41 袖口布T-shirt**（P.42）

材料／表布（jersey針織布）寬170cm×120cm 自黏牽條襯 寬1cm 60cm原寸紙型D面

●參考尺寸

尺寸	胸圍	身高
M	86cm	158cm
L	92cm	158cm

●完成尺寸

尺寸	胸圍	身高
M	111cm	62.5cm
L	114cm	64.5cm

了解拷克機之後，試著實際製作吧！

差動的設定方式

10

10

以實際使用的布料測試，確認是否為容易延展的布料。
在作有10cm×10cm記號的布邊，用拷克機通過記號一邊裁切一邊進行直向與橫向的車縫。測量車縫處，若小於10cm（縮短）則一邊拉伸一邊車縫，若大於10cm（被拉長）則一邊縮起一面車縫。

機器設定

裁刀：LOCK（鎖住）

針趾寬度

針趾密度

針趾密度：普通2.5 針趾寬度：6.0
裁刀：LOCK
※請見不裁切布邊（P.45 鎖住裁刀）。

裁布圖

袖口布

表布（正面）

領片（1片）

後片

前片

摺雙

摺雙

摺雙

摺雙

120 cm

※裁切之後重新摺疊。

170 cm

※紙型已含縫分

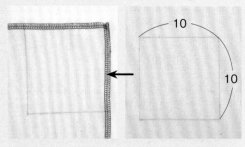

baby lock

N

0.8~0.6：拉伸車縫
將容易縮皺的布料拉伸車縫，可使成品平整。

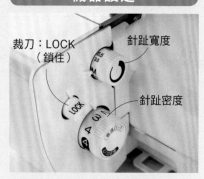

baby lock

N

N：基本

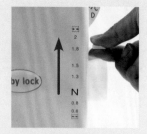

baby lock

N

1.3~2：縮起車縫
將容易拉伸的布料縮起車縫，可使成品平整。

4. 接合領片（筒狀的縫法）

①領片縫線對齊後中心，從摺雙側將領片置入身片中。

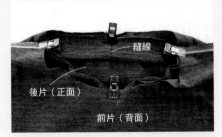

②將後中心與領片的縫線、肩線、前中心線分別與合印對齊，以縫紉夾固定。

③領片側在上，將布邊靠著裁刀。從後中心後側2至3cm，縫分無重疊處開始車縫。

④確認位於下方的身片側與領片布邊無錯位，若有錯開要將布邊對齊。

⑤將領片拉伸對齊身片領圍，同時進行車縫。

③左手放在壓布腳後方，右手放在壓布腳前方，調整避免布料錯位進行車縫。

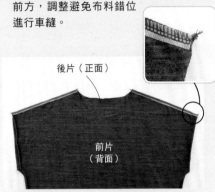

④肩部縫好了！將所有線頭打結，剪去多餘處。

3. 車縫領片

①先暫時打開領片摺線，將邊緣正面相疊以拷克機車縫。

②在摺線處扭轉縫分，使縫分倒向相反側。

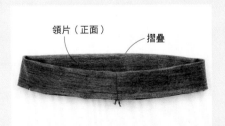

③領片沿摺線摺回。將縫份錯開壓倒可減少高低差，較容易車縫。

1. 車縫前的準備

①在前片肩線熨燙黏貼自黏牽條襯。

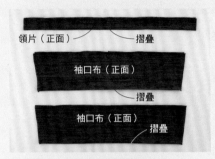

②將領片、袖口布沿摺線對摺。

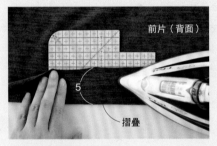

③前後下襬摺起5cm縫份。

2. 車縫肩線

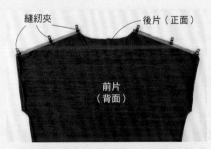

①將前後片肩線正面相疊，以縫紉夾固定兩端及中心。

②黏貼自黏牽條襯的一側朝上，進行車縫。抬起壓布腳與車針，將布邊貼著裁刀，降下壓布腳開始車縫。

7. 車縫下襬

①翻回下襬摺線，再從布邊往內側（正面側）摺疊，進行屏風褶，以縫紉夾固定。

②正面側朝上，對齊布邊及摺線，貼著裁刀，以步驟4.⑥至⑩相同作法進行車縫。

③下襬車縫完成。

④翻至正面就完成了！

5. 車縫脇線

①暫時攤開下襬摺線，將脇線正面相疊對齊&以縫紉夾固定，以拷克機車縫。

6. 接縫袖口布

①以步驟3.相同方式車縫袖口布。

②對齊袖口布的縫線與脇線，從摺雙側置入身片中。

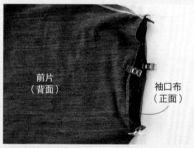

③分別對齊縫線與脇線、肩線與合印，以縫紉夾固定。

④以步驟4.③至⑩相同作法車縫。另一側袖口布也同樣車縫。

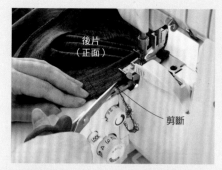

⑥車縫一圈，剪斷起縫處的線頭。

⑦重疊於起縫點，車縫2至3cm。

⑧抬起壓布腳及車針，將布料轉至後側。

⑨降下壓布腳與車針，踩腳踏板作出空環，結束車縫。

⑩將空環打結並剪去多餘部分。領片車縫完畢。

褶襉的摺法

從斜線的高處往低處摺疊。

金屬配件安裝方式

https://www.boutique-sha.co.jp/cf_kanagu/

圖文對照，簡明解說固定釦（鉚釘）、磁釦、彈簧壓釦、四合釦及雞眼釦的安裝方式。

斜布條兩端的處理方式

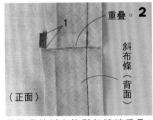

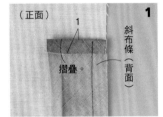

終縫處的斜布條與起縫端重疊1cm，其餘剪掉。不回針，結束車縫。

將起縫處的斜布條摺疊1cm，不回針，直接前進車縫。

以四摺斜布條包邊的作法

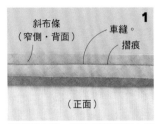

將斜布條翻到本體背面，遮住步驟1的針趾包捲縫份，再從正面車縫固定。

展開斜布條，將窄側邊對齊本體布端，在斜布條摺痕上車縫。

法國結粒繡

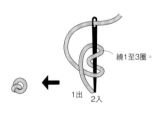

繞1至3圈。

1出
2入

輪廓繡

→ 行進方向

2出 4出 3入
1入
3出

1與4在同一位置

直線繡

1出
3出 2入

鎖鏈繡

3出 2入
1入
掛線

長短針繡

2. 回到中央，繡右半部。
1. 從中央起，先繡左半部。

3出 1出
2入

長短針交替刺繡。

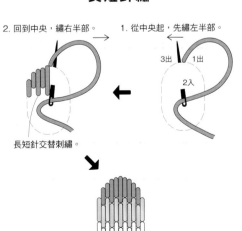

3. 依同樣作法，反覆刺繡。

纜繩繡
（英式結粒繡）

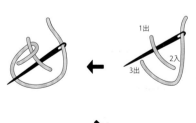

1出
2入
3出

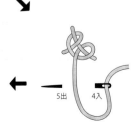

5出 4入

緞面繡

1. 從中央起，先繡上半部。

1出
3出 2入

2. 回到中央，繡下半部。

十字繡

行進方向 →

3出 2入
1出 4入

材料
表布（平織布）90cm×175cm
裡布（棉布）80cm×80cm
配布（Galon花邊帶）寬12cm（圖案部分約6.5cm）190cm
接著襯（中厚）75cm×80cm

原寸紙型
A面

完成尺寸
寬50×高32.5cm
（提把60cm）

5. 製作本體

①抽皺。拉緊兩條粗針目縫線，直到與接縫尺寸同寬。
②暫時車縫固定。

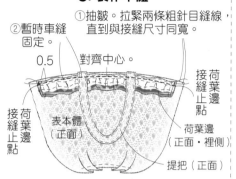

0.5
對齊中心。
接荷葉邊
接縫止點
接荷葉邊
接縫止點
表本體（正面）
荷葉邊（正面・裡側）
提把（正面）

※另一側縫法亦同。

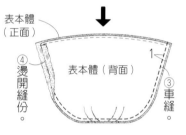

表本體（正面）
④燙開縫份。
表本體（背面）
③車縫。
1

裡本體（正面）
⑤車縫。
⑥燙開縫份。
裡本體（背面）
返口12cm
1
⑦翻到正面。

裡本體（背面）
⑧將裡本體放入表本體內車縫。
表本體（背面）
1

⑫拆掉露出表側的粗針目縫線。

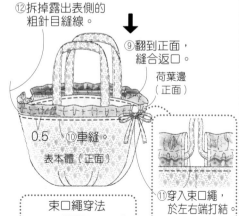

⑨翻到正面，縫合返口。
荷葉邊（正面）
0.5
⑩車縫。
表本體（正面）
⑪穿入束口繩，於左右端打結。

束口繩穿法

2. 車縫褶襉

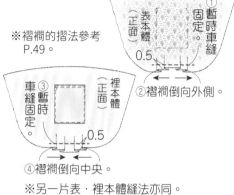

①暫時車縫固定。
表本體（正面）
0.5
※褶襉的摺法參考P.49。
③暫時車縫固定。
車縫
裡本體（正面）
0.5
②褶襉倒向外側。
④褶襉倒向中央。

※另一片表・裡本體縫法亦同。

3. 製作束口繩＆提把

〈束口繩〉

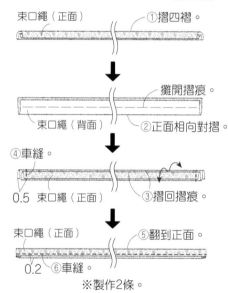

束口繩（正面）
①摺四褶。
束口繩（背面）
②正面相向對摺。
攤開摺痕。
④車縫。
0.5 束口繩（正面）
③摺回摺痕。
束口繩（正面）
⑤翻到正面。
0.2 ⑥車縫。

※製作2條。

〈提把〉

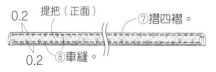

0.2
提把（正面）
⑦摺四褶。
0.2 ⑧車縫。

4. 製作荷葉邊

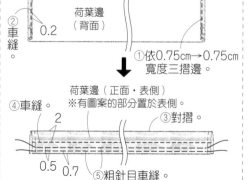

②車縫。 0.2
荷葉邊（背面）
①依0.75cm→0.75cm寬度三摺邊。
荷葉邊（正面・表側）
※有圖案的部分置於表側。
④車縫。
2
③對摺。
0.5 0.7
⑤粗針目車縫。

裁布圖

※除了表・裡本體之外無原寸紙型，請依標示尺寸（已含縫份）直接裁剪。
※▨ 處需於背面燙貼接著襯。

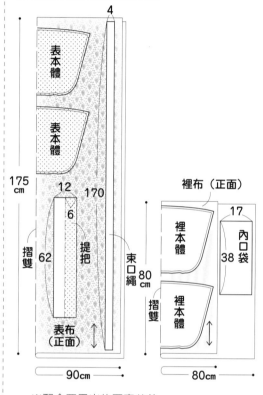

4
表本體
表本體
175cm
12 170
6
摺雙 62 提把
束口繩
表布（正面）
80cm
90cm

裡布（正面）
裡本體
17
內口袋
38
裡本體
摺雙
80cm

※配合要露出的圖案裁剪。

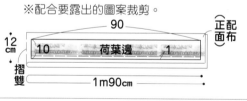

90
12cm
10 荷葉邊 1
摺雙
正面 配布
1m90cm

1. 縫上內口袋

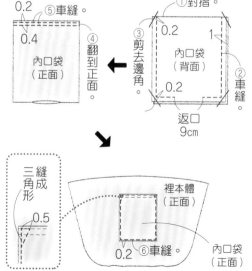

0.2 ⑤車縫。
0.4
內口袋（正面）
①對摺。
0.2
③剪去邊角。
④翻到正面。
內口袋（背面）
0.2
②車縫。
返口9cm

三縫角成形
0.5
裡本體（正面）
內口袋（正面）
0.2 ⑥車縫。

材料

表布（平織布）50cm×25cm
裡布（棉布）50cm×25cm
配布（Galon花邊帶）寬9.5cm（圖案部分約5.2cm）130cm
接著鋪棉（硬式）50cm×25cm
線圈拉鍊 20cm 1條
棉織帶 寬3cm 25cm

原寸紙型
A面

完成尺寸
寬15×高12.5×側身6cm
（提把20cm）

3. 製作提把

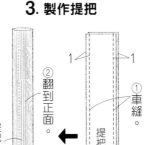
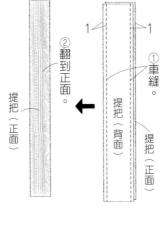

4. 疊合表本體&裡本體

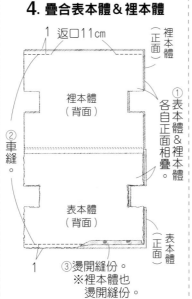

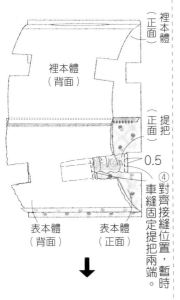
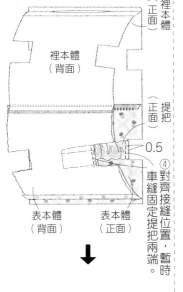
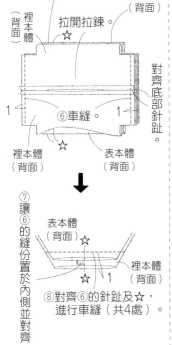

2. 安裝拉鍊

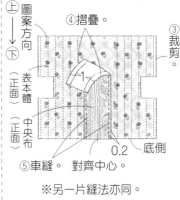

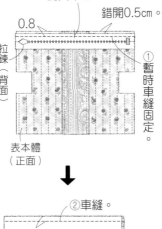
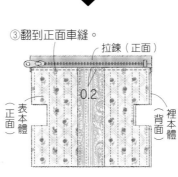

※另一片表本體&裡本體也裝上拉鍊。

裁布圖

※提把及中央布無原寸紙型，請依標示尺寸（已含縫份）直接裁剪。
※表本體的裁剪方式參考作法說明。

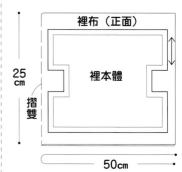
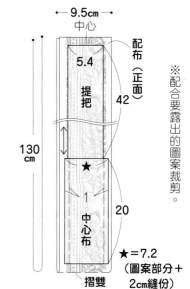

1. 製作表本體

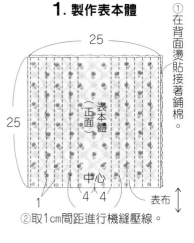

②取1cm間距進行機縫壓線。
※另一片作法亦同。

材料
表布（平織布）100cm×100cm
裡布（棉布）45cm×85cm
配布（Galon花邊帶）寬11cm（圖案部分約6cm）230cm
接著襯（薄）20cm×100cm

原寸紙型
P.52

完成尺寸
寬34×高38×側身6cm
（提把約40cm）

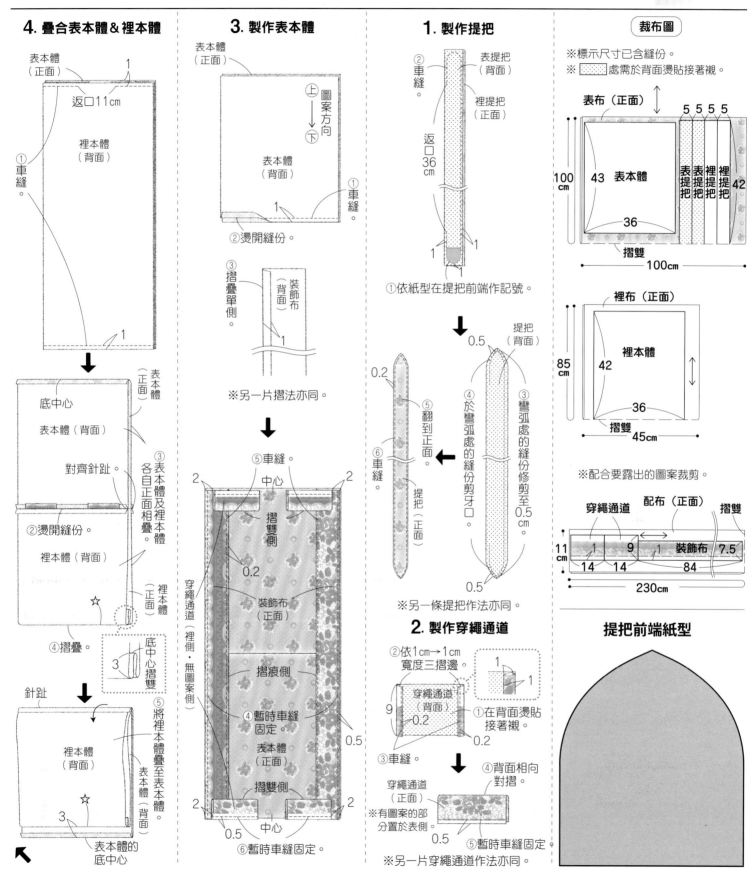

4. 疊合表本體＆裡本體

表本體（正面）
返口11cm
裡本體（背面）
①車縫。
1
1

底中心
表本體（正面）
表本體（背面）
對齊針趾。
②燙開縫份。
裡本體（背面）
③各自表本體及裡本體相疊。
裡本體（正面）
④摺疊。
底中心摺雙
3

針趾
裡本體（背面）
⑤將裡本體疊至表本體。
表本體（背面）
3
表本體的底中心

3. 製作表本體

表本體（正面）
上 圖案方向 下
表本體（背面）
①車縫。
②燙開縫份。
1

③摺疊單側。
裝飾布（背面）
1

※另一片摺法亦同。

⑤車縫。
2 中心 2
摺雙側
0.2
穿繩通道（裡側・無圖案側）
裝飾布（正面）
摺痕側
④暫時車縫固定。
表本體（正面）
摺雙側
2 2
0.5 中心
⑥暫時車縫固定。

1. 製作提把

②車縫。
表提把（背面）
裡提把（正面）
返口36cm
1
1

①依紙型在提把前端作記號。

0.5
提把（背面）
③彎弧處的縫份修剪至0.5cm。
④於彎弧處的縫份剪牙口。
0.2
⑤翻到正面。
⑥車縫。
提把（正面）
0.5

※另一條提把作法亦同。

2. 製作穿繩通道

②依1cm→1cm寬度三摺邊。
1
1
穿繩通道（背面）
9
0.2
①在背面燙貼接著襯。
③車縫。

穿繩通道（正面）
④背面相向對摺。
※有圖案的部分置於表側。
⑤暫時車縫固定。
0.5

※另一片穿繩通道作法亦同。

裁布圖

※標示尺寸已含縫份。
※ ▨ 處需於背面燙貼接著襯。

表布（正面）
100cm
43 表本體
36
摺雙
5 5 5 5
表提把 表提把 裡提把 裡提把
42
100cm

裡布（正面）
85cm
42 裡本體
36
摺雙
45cm

※配合要露出的圖案裁剪。

穿繩通道 配布（正面） 摺雙
11cm
1 9 1 裝飾布 7.5
14 14 84
230cm

提把前端紙型

52

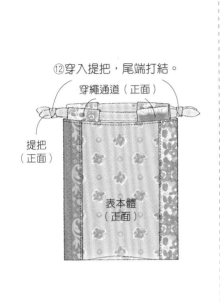

⑫穿入提把，尾端打結。

穿繩通道（正面）

提把（正面）

表本體（正面）

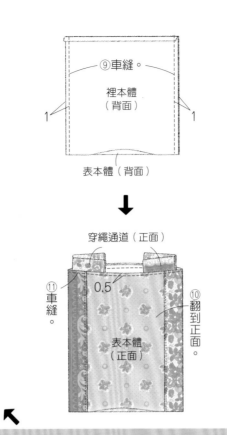

⑨車縫。

裡本體（背面）

1　　　　1

表本體（背面）

穿繩通道（正面）

0.5

⑪車縫。

表本體（正面）

⑩翻到正面。

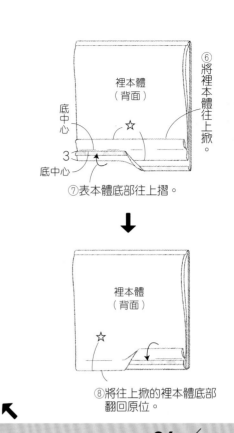

⑥將裡本體往上掀。

裡本體（背面）

底中心

3

底中心

⑦表本體底部往上摺。

裡本體（背面）

☆

☆

⑧將往上掀的裡本體底部翻回原位。

P.08_No.**06**／布墊

材料（2個用量）
表布（平織布）17cm×25cm
裡布（棉布）17cm×25cm
接著鋪棉 17cm×25cm

原寸紙型
A面

完成尺寸
寬11×高11cm

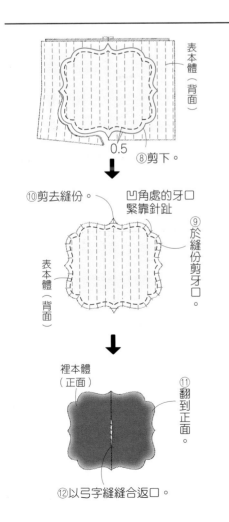

表本體（背面）

0.5

⑧剪下。

⑩剪去縫份。

凹角處的牙口緊靠針趾

表本體（背面）

⑨於縫份剪牙口。

裡本體（正面）

⑪翻到正面。

⑫以弓字縫縫合返口。

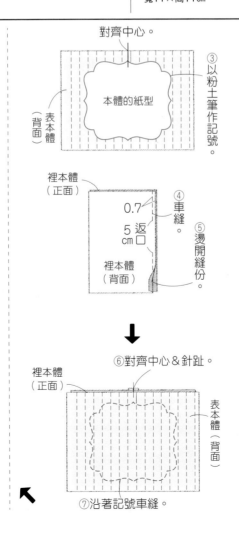

對齊中心。

本體的紙型

表本體（背面）

表本體（背面）

③以粉土筆作記號。

裡本體（正面）

0.7

5cm返口

裡本體（背面）

④車縫。

⑤燙開縫份。

⑥對齊中心＆針趾。

裡本體（正面）

表本體（背面）

⑦沿著記號車縫。

裁布圖

※表本體先完成機縫壓線再裁剪。

表布（正面）

裡布（正面）

25cm　　　17cm

表本體　裁剪。　表本體

裡本體　裡本體　裡本體　裁剪。　裡本體

25cm　　　17cm

1. 製作本體

②從中央開始縫，取1cm間距進行機縫壓線。

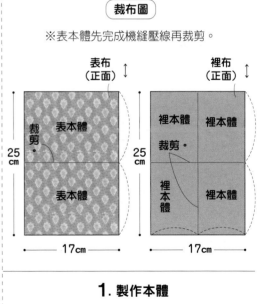
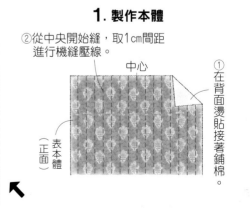

中心

表本體（正面）

①在背面燙貼接著鋪棉。

材料
表布（棉布）108cm×280cm

配布（Galon花邊帶）寬9.8cm（圖案部分約5.2cm）110cm

鬆緊帶 寬1.5cm 70cm

原寸紙型
無

完成尺寸
胸圍126cm
總長130cm

3. 車縫肩線
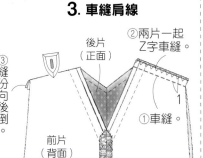

4. 車縫脇邊線
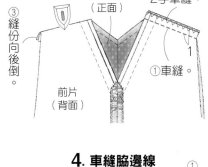
※另一側縫法亦同。

5. 車縫袖口
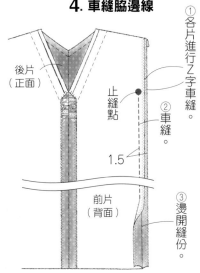
※另一側縫法亦同。

6. 車縫下襬線
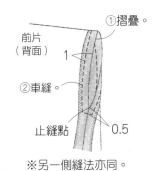
①依1cm→2cm寬度三摺邊。

1. 車縫領圍
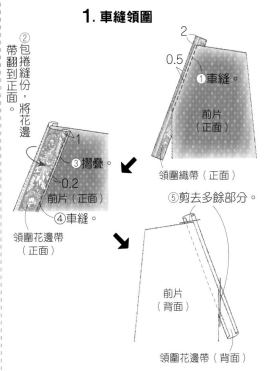
※另一片前‧後片作法亦同。

2. 車縫前後中心線
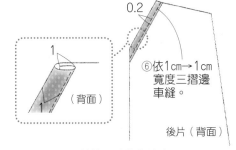
※後片縫法亦同。

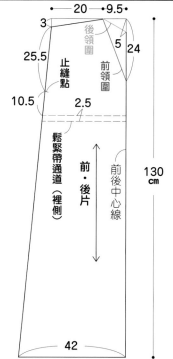

【製圖】
※無原寸紙型，請參照左圖製作紙型。

裁布圖
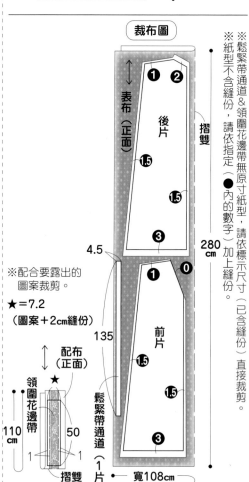

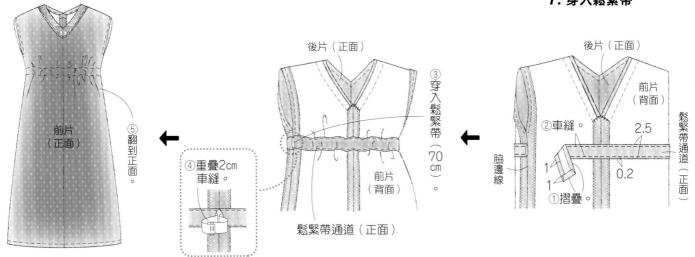

7. 穿入鬆緊帶

後片（正面）
前片（背面）
②車縫
2.5
脇邊線
0.2
1
1
①摺疊
鬆緊帶通道（正面）

後片（正面）
前片（背面）
③穿入鬆緊帶（70cm）。
鬆緊帶通道（正面）

④重疊2cm車縫。

前片（正面）
⑤翻到正面。

材料

表布（平織布）17cm×25cm／**裡布**（平織布）20cm×25cm
接著襯（厚）10cm×25cm／**接著鋪棉** 10cm×25cm
鈕釦 10mm 1個／**特殊形狀口金** 寬7.5cm 高9.5cm 1個
流蘇吊飾 1個／**羊毛** 適量

原寸紙型
A面

完成尺寸
寬7.5×高10cm

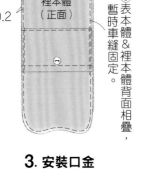

表本體（背面）
裡本體（正面）
0.2
⑧表本體＆裡本體背面相疊，暫時車縫固定。

3. 安裝口金

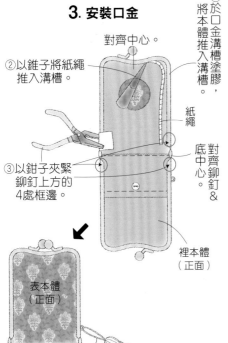

①於口金溝槽塗膠，將本體推入溝槽。
對齊中心。
②以錐子將紙繩推入溝槽。
③以鉗子夾緊鉚釘上方的4處框邊。
紙繩
對齊鉚釘＆底中心。
表本體（正面）
裡本體（正面）
④掛上流蘇吊飾。

---

2. 製作本體

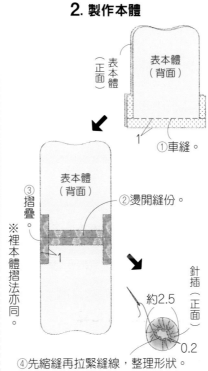

表本體（正面）
表本體（背面）
①車縫。
1
③摺疊
②燙開縫份。
1
※裡本體摺法亦同。
針插（正面）
約2.5
0.2
④先縮縫再拉緊縫線，整理形狀。

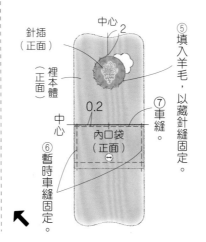

針插（正面）
中心
2
裡本體（正面）
0.2
中心
內口袋（正面）
⑥暫時車縫固定。
⑦車縫。
⑤填入羊毛，以藏針縫固定。

裁布圖

※內口袋無原寸紙型，請依標示尺寸（已含縫份）直接裁剪。
※ ▨ 處需於整個背面燙貼接著襯，再於 ▢ 處燙貼接著鋪棉（縫份不貼）。

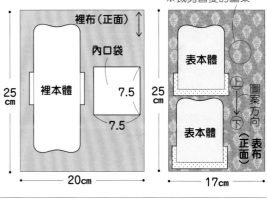

裡布（正面）
裡本體
內口袋
7.5
7.5
25cm
20cm

針插
※裁剪喜愛的圖案。
表本體
表本體
圖案方向
上
下
（正面）表布
25cm
17cm

1. 製作內口袋

①依1cm→1cm寬度三摺邊車縫。
內口袋（背面）
1
0.2
1
1
1
②摺疊。

1.5 中心
③縫上鈕釦。
內口袋（正面）

材料

麻繩 粗0.2cm 220cm
單圈 直徑2.5cm 2個
鈕釦 18至20mm 5個
※各配飾的材料見作法說明。

原寸紙型
A面

完成尺寸
全長120cm

※塗上顏料的配飾可隨喜好以砂紙刷舊。

1. 製作各配飾

【帆船】（1艘用量）
完成尺寸：寬12×高9.5cm
表布（棉布）10×10cm 2片／**配布**（棉布）5×5cm 3片
雙膠接著襯 35×10cm
漂流木或輕木片 厚1.5cm 12×2.5cm
圓棒 直徑0.5cm 8.5cm／**麻繩** 粗0.1cm 70cm
羊眼釘 直徑3mm 3個

①於背面貼上雙膠接著襯再裁剪。

帆B（表布1片）　帆A（表布1片）　旗子（配布3片）

②背面相向對摺，包夾麻繩。

麻繩（40cm）
帆B（正面）　中心　2　帆A（正面）

③以熨斗燙貼黏合。

④作法與②③相同。

中心　麻繩（15cm）
旗子（正面）

⑤以美工刀將輕木片削成船形。

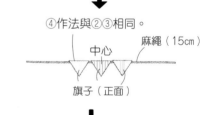

船尾　1.5　2.5　12

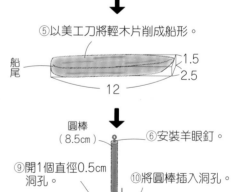

圓棒（8.5cm）　⑥安裝羊眼釘。
⑨開1個直徑0.5cm 洞孔。　⑩將圓棒插入洞孔。
⑧於船尾中央安裝羊眼釘。　⑦安裝羊眼釘。
4.5　5　2.5

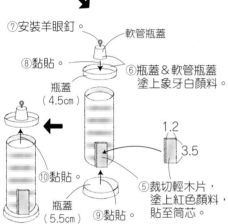

④將上下摺份摺入內側。

0.5　0.5　本體（背面）
衛生紙筒芯　③以接著劑黏貼。
本體（正面）　11cm　0.5

⑦安裝羊眼釘。
⑧黏貼。
軟管瓶蓋
瓶蓋（4.5cm）
⑥瓶蓋＆軟管瓶蓋塗上象牙白顏料。

⑩黏貼。
瓶蓋（5.5cm）
⑨黏貼。
1.2　3.5
⑤裁切輕木片，塗上紅色顏料，貼至筒芯。

【海邊小屋】
完成尺寸：寬5.2×高10.5cm
表布（棉布）20×15cm
配布（棉布）5×5cm
厚紙（厚1mm）20×15cm
輕木片（厚3mm）10×5cm
雞眼釦（僅限表側）內徑1cm 1個
羊眼釘 直徑3mm 1個
壓克力顏料（茶色‧紅色）各適量

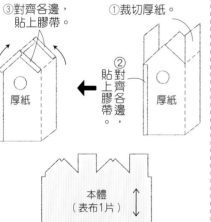

③對齊各邊，貼上膠帶。
①裁切厚紙。
②貼對齊各邊，貼上膠帶。
厚紙　厚紙
本體（表布1片）
④裁剪。

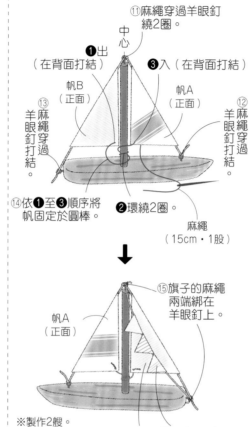

⑪麻繩穿過羊眼釘繞2圈。
中心
❶出（在背面打結）
❸入（在背面打結）
帆B（正面）　帆A（正面）
⑬羊眼釘穿過　⑫羊眼釘打結
麻繩穿過　麻繩穿過　打結
❷環繞2圈。
麻繩（15cm‧1股）
⑭依❶至❸順序將帆固定於圓棒。

帆A（正面）
⑮旗子的麻繩兩端綁在羊眼釘上。
帆B（正面）　旗子（正面）

※製作2艘。

【燈塔】
完成尺寸：直徑5.5×高14.5cm
表布（棉布）15×15cm
瓶蓋 直徑5.5cm‧4.5cm 各1個
軟管瓶蓋 直徑2cm 1個
輕木片 厚3mm 5×5cm／**羊眼釘** 直徑3mm 1個
壓克力顏料（象牙白‧紅色）各適量
衛生紙筒芯 1個

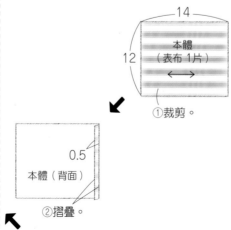

14
12　本體（表布 1片）
①裁剪。

0.5
本體（背面）
②摺疊。

⑩依⑧至⑨相同作法，以表布的另一側包捲外框角材b。

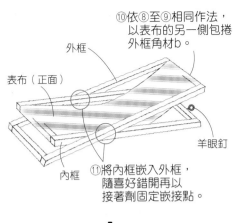

外框
表布（正面）
羊眼釘
內框

⑪將內框嵌入外框，隨喜好錯開再以接著劑固定嵌接點。

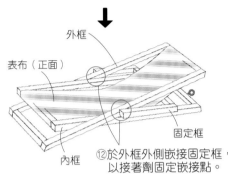

外框
表布（正面）
固定框
內框

⑫於外框外側嵌接固定框，以接著劑固定嵌接點。

2. 完成

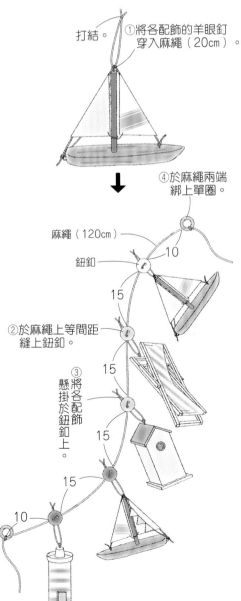

打結。

①將各配飾的羊眼釘穿入麻繩（20cm）。

④於麻繩兩端綁上單圈。

麻繩（120cm）
鈕釦
10
15
②於麻繩上等間距縫上鈕釦。
15
③將各配飾懸掛於鈕釦上。
15
15
10

【海灘椅】
完成尺寸：寬10.5×高6cm

表布（棉布）20×5cm／接著襯（中薄）20×5cm
角材（0.4cm 正方）70cm／羊眼釘 直徑3mm 1個
壓克力顏料（象牙白）適量

①裁切角材。

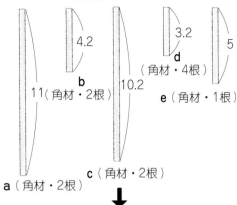

4.2
b
11（角材・2根）
10.2
3.2
d
（角材・4根）
5
e（角材・1根）
a（角材・2根）
c（角材・2根）

②以接著劑黏貼角材。

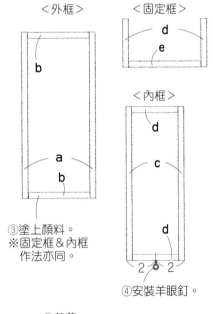

＜外框＞
b
b
a
＜固定框＞
d
e
＜內框＞
d
c
d
2 2

③塗上顏料。
※固定框&內框作法亦同。

④安裝羊眼釘。

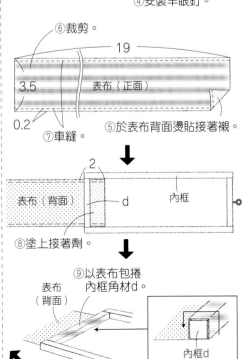

⑥裁剪。
19
3.5
表布（正面）
0.2
⑦車縫。
⑤於表布背面燙貼接著襯。

2
表布（背面）
d
內框
⑧塗上接著劑。

⑨以表布包捲內框角材d。
表布（背面）
內框d

⑥剪牙口。

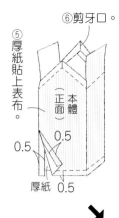

⑤厚紙貼上表布。
正面 本體
0.5
0.5
0.5
厚紙 0.5

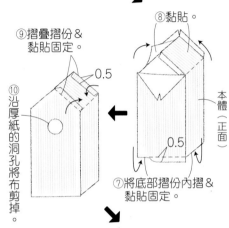

⑧黏貼。
⑨摺疊摺份&黏貼固定。
0.5
⑩沿厚紙的洞孔將布剪掉。
0.5
本體（正面）
⑦將底部摺份內摺&黏貼固定。

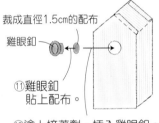

裁成直徑1.5cm的配布
雞眼釦
⑪雞眼釦貼上配布。

⑫塗上接著劑，插入雞眼釦。

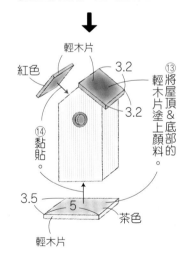

輕木片
紅色
3.2
⑬將屋頂&底部塗上顏料的輕木片
3.2
⑭黏貼。
3.5
5
茶色
輕木片

⑮安裝羊眼釘
1

材料
表布（亞麻）35cm×45cm／裡布（棉布）70cm×25cm
配布A（棉布）60cm×30cm／配布B（棉布）10cm×20／配布C（棉布）10cm×15cm
接著襯A（中厚）35cm×45cm／接著襯B（薄）25cm×15cm
不織布貼紙（黑色）直徑0.7cm 2片／編繩線asian cord 粗3mm 40cm
線圈拉鍊 25cm 1條
5號繡線（綠色）25號繡線（白色）各適量

原寸紙型
B面

完成尺寸
寬30×高15.5cm

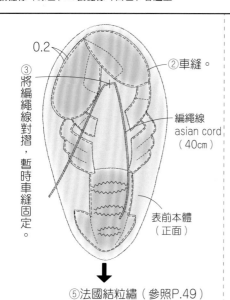

③將編繩線對摺，暫時車縫固定。

0.2

②車縫。

③

編繩線 asian cord（40cm）

表前本體（正面）

⑤法國結粒繡（參照P.49）（25號繡線・白色・3股）

④貼上不織布貼紙

⑥機縫刺繡

⑧進行Z字車縫（剪去多餘部分），固定編繩線。

⑦車縫。

0.2

（正面）表頭

表前本體（正面）

3. 製作表後本體

①刺繡（5號繡線・綠色・1股）。
※刺繡針法參照P.49。

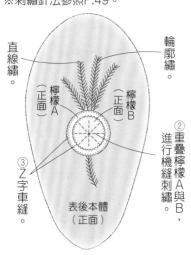

直線繡。

輪廓繡。

檸檬A（正面）

檸檬B（正面）

③Z字車縫。

②重疊檸檬A與B，進行機縫刺繡。

表後本體（正面）

〈尾〉

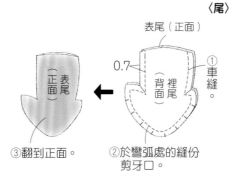

表尾（正面）

0.7

①車縫。

裡尾（背面）

（正面）表尾

③翻到正面。

②於彎弧處的縫份剪牙口。

〈鉗・頭・檸檬〉

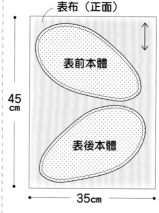

②於彎弧處的縫份剪牙口的。

①車縫。

表左鉗（正面）

0.7

③剪一道切口作為返口（僅裡鉗）。

裡左鉗（背面）

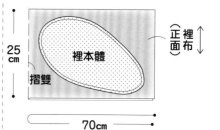

⑤以藏針縫縫合。

裡左鉗（正面）

④從切口翻回正面。

※右鉗、頭及檸檬A・B作法亦同。

2. 製作表前本體

①依❶至❼順序，將各配件疊至表前本體，進行機縫刺繡。

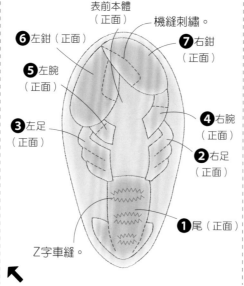

表前本體（正面）

機縫刺繡

❻左鉗（正面）

❼右鉗（正面）

❺左腕（正面）

❹右腕（正面）

❸左足（正面）

❷右足（正面）

❶尾（正面）

Z字車縫

裁布圖

※ ▨ 處需於背面燙貼接著襯A。
※ ▥ 處需於背面燙貼接著襯B。

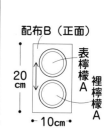

表布（正面）

表前本體

表後本體

45 cm

35cm

配布B（正面）

表檸檬A

裡檸檬A

20 cm

10cm

裡本體

正面裡布

25 cm

摺雙

70cm

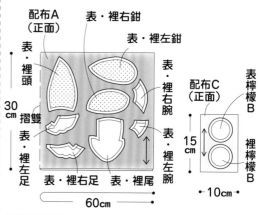

配布A（正面）

表・裡右鉗

表・裡左鉗

表・裡頭

表・裡右腕

表・裡左腕

表・裡右足

表・裡左足

表・裡尾

30 cm

摺雙

60cm

配布C（正面）

表檸檬B

裡檸檬B

15 cm

10cm

1. 製作各配件

〈足・腕〉

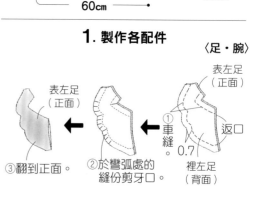

表左足（正面）

①車縫

0.7

②於彎弧處的縫份剪牙口。

表左足（正面）

返口

裡左足（背面）

③翻到正面。

※右足＆左・右腕作法亦同。

5. 疊合表本體＆裡本體

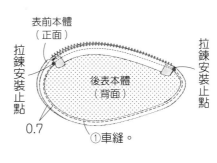

表前本體
（正面）

後表本體
（背面）

拉鍊安裝止點

拉鍊安裝止點

0.7

①車縫。

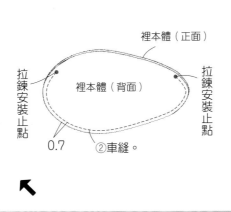

裡本體（正面）

裡本體（背面）

拉鍊安裝止點

拉鍊安裝止點

0.7

②車縫。

4. 安裝拉鍊

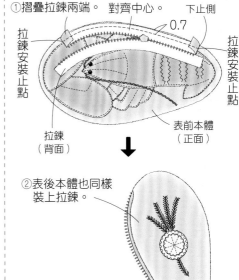

①摺疊拉鍊兩端。　對齊中心。　下止側

0.7

拉鍊安裝止點

拉鍊安裝止點

拉鍊
（背面）

表前本體
（正面）

②表後本體也同樣
　裝上拉鍊。

表後本體
（正面）

表前本體
（正面）

⑤裡本體的縫份往背面摺0.7cm，
　以藏針縫將裡本體
　固定於拉鍊布帶。

④將裡本體放入
　表本體內。

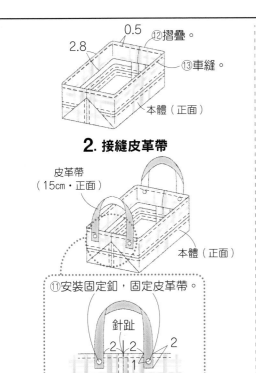

後本體
（正面）

裡本體
（正面）

表前本體
（正面）

③表本體翻到正面。

P.15_ No.11 ／ 疊緣工具盒 S・M

材料 ※■…S・■…M・■…通用

疊緣 約8cm×80cm・150cm

皮革帶 寬1cm 30cm

固定釦 7.5mm 4組

原寸紙型
無

完成尺寸
長9×寬8×高6cm
長9×寬25×高6cm

裁布圖

※標示尺寸已含縫份。
※■…S・■…M・■…通用

疊緣（正面） ↔

約8cm

本體（4片）

19cm
36cm

1. 製作本體

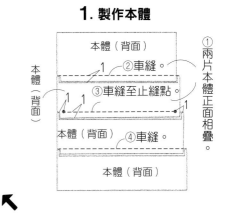

本體（背面）

本體（背面）

本體（背面）

①兩片本體正面相疊。

②車縫。

③車縫至止縫點。

④車縫。

本體
（背面）

1 1

1 1

---

⑫摺疊。

⑬車縫。

2.8

0.5

本體（正面）

2. 接縫皮革帶

皮革帶
（15cm・正面）

本體（正面）

⑪安裝固定釦，固定皮革帶。

針趾

2 2 2

1

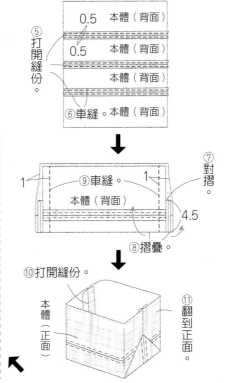

⑤打開縫份。

0.5

本體（背面）

0.5

本體（背面）

本體（背面）

⑥車縫。本體（背面）

⑦對摺。

⑨車縫。

本體（背面）

1 1

4.5

⑧摺疊。

⑩打開縫份。

⑪翻到正面。

本體
（正面）

材料

表布（復古帆布）70cm×40cm
裡布（棉厚織79號）70cm×40cm
疊緣 約寬8cm 170cm
※如果需要對花，請增加用量。

原寸紙型
無

完成尺寸
寬34×高22×側身13cm
（提把26cm）

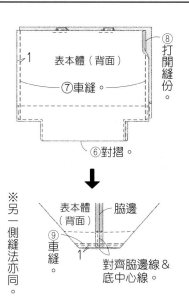

⑧打開縫份。
①
表本體（背面）
⑦車縫。
⑥對摺。

※另一側縫法亦同。

表本體（背面） 脇邊
⑨車縫。
1
對齊脇邊線＆底中心線。

4. 製作裡本體

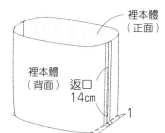

裡本體（正面）
裡本體（背面） 返口 14cm
1

①依 **3.**-⑥至⑨作法，預留返口車縫裡本體。

5. 套疊表本體＆裡本體

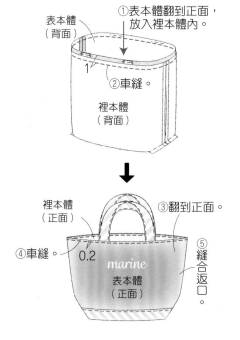

表本體（背面）
①表本體翻到正面，放入裡本體內。
1
②車縫。
裡本體（背面）

裡本體（正面）
③翻到正面。
④車縫。 0.2
marine
表本體（正面）
⑤縫合返口。

---

③打開縫份，從正面側車縫。

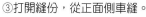
0.2
0.2
表底（背面）

②依序將3片表底正面相對車縫。

④摺疊。 1
表底（背面）
④摺疊。 1

3. 製作表本體

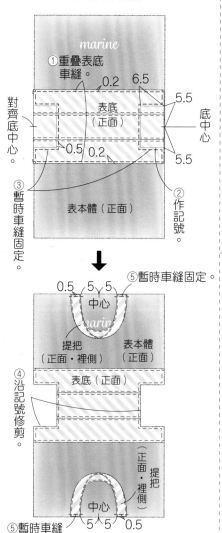

marine
①重疊表底車縫。
0.2 6.5
表底（正面）
5.5
底中心
0.5 0.2
5.5
③暫時車縫固定。
對齊底中心。
表本體（正面）
②作記號。

⑤暫時車縫固定。
0.5 5 5
中心
marin
提把（正面・裡側） 表本體（正面）
④沿記號修剪。
表底（正面）

（正面・裡側）提把
中心
5 5 0.5
⑤暫時車縫固定。

〔裁布圖〕
※標示尺寸已含縫份。

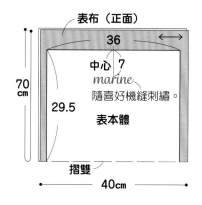

表布（正面）
36
中心 7
marine
隨喜好機縫刺繡。
表本體
70cm
29.5
摺雙
40cm

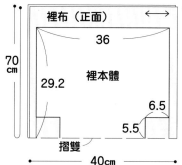
裡布（正面）
36
裡本體
70cm
29.2
6.5
5.5
摺雙
40cm

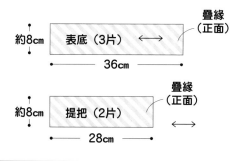
約8cm 表底（3片） 疊緣（正面）
36cm

約8cm 提把（2片） 疊緣（正面）
28cm

1. 製作提把

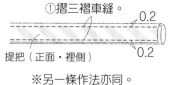
①摺三褶車縫。 0.2
提把（正面・裡側） 0.2
※另一條作法亦同。

2. 製作表底

①車縫。 表底（正面）
表底（背面） 0.7

60

材料
疊緣 約8cm×120cm
皮革條 寬1cm 170cm
雙面固定釦（面徑7mm 腳長7mm）8組
問號鉤 12mm 2個
D型環 12mm 2個

原寸紙型
無

完成尺寸
寬13.6×高16×側身4cm
（肩背帶約118cm）

提把（正面）
②以固定釦固定。
2.5　2.5
3
本體（正面）

5. 扣接肩背帶

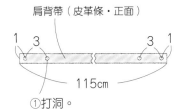

肩背帶（皮革條・正面）
1　3　3　1
115cm
①打洞。

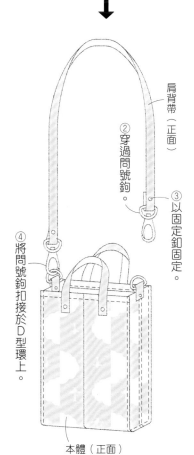

肩背帶（正面）
②穿過問號鉤。
③以固定釦固定。
④將問號鉤扣接於D型環上。
本體（正面）

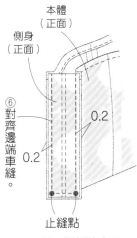

本體（正面）
側身（正面）
本體（正面）
⑥對齊邊端車縫。
0.2
0.2
止縫點
※另一側縫法亦同。

3. 接縫吊耳

吊耳（皮革條・正面）
1　1
①打洞。
5
※製作2個。

②對摺後，穿過D型環。

吊耳（正面）
1.5
側身（正面）
③包夾側身，以固定釦固定。

※另一片作法亦同。

4. 接縫提把

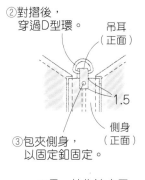

提把（皮革條・正面）
1　①打洞。　1
18
※製作2條。

---

2. 接縫側身

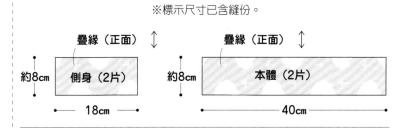

（裁布圖）
※標示尺寸已含縫份。

疊緣（正面）
約8cm　側身（2片）
18cm

疊緣（正面）
約8cm　本體（2片）
40cm

側身（背面）
1
①摺疊。
1

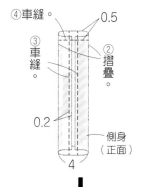

④車縫。
0.5
③車縫。
②摺疊。
0.2
側身（正面）
4

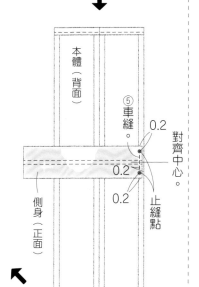

本體（背面）
側身（正面）
⑤車縫。
0.2
0.2
0.2
對齊中心。
止縫點

---

1. 製作本體

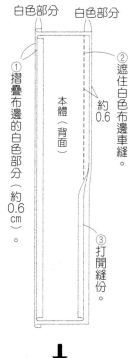

白色部分　白色部分
①摺疊布邊的白色部分（約0.6cm）。
②遮住白色布邊車縫。
約0.6
本體（背面）
③打開縫份。

④依1cm→1cm寬度三摺邊。

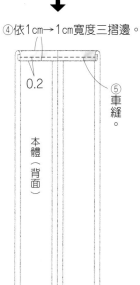

0.2
本體（背面）
⑤車縫。

材料
表布（平織布）40cm×30cm
裡布（棉布）25cm×30cm
接著襯（厚）35cm×30cm
塑膠四合釦 14mm 2組

作法影片

https://x.gd/230h0

原寸紙型
無

完成尺寸
寬10×高10cm
（收摺時）

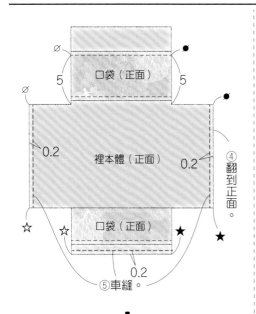

⑤車縫。

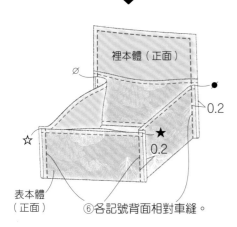

⑥各記號背面相對車縫。

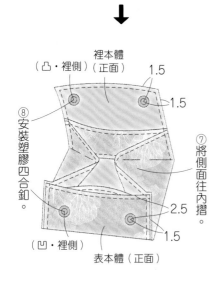

⑧安裝塑膠四合釦。

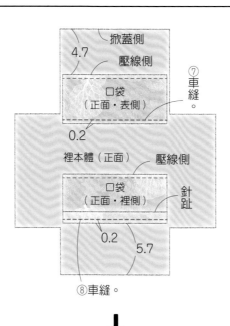

⑧車縫。

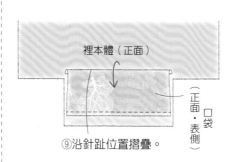

⑨沿針趾位置摺疊。

2. 製作本體

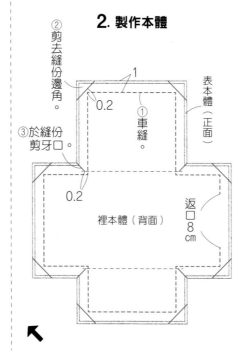

裁布圖

※標示尺寸已含縫份。
※ ▨ 處需於背面燙貼接著襯。

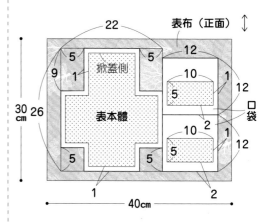

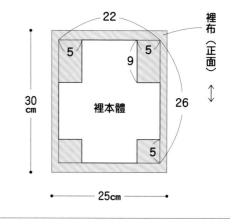

1. 縫上口袋

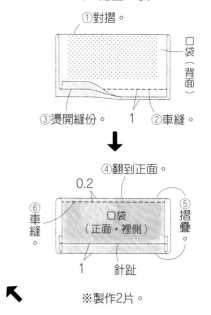

①對摺。
③燙開縫份。 1 ②車縫。
④翻到正面。
0.2
⑥車縫 口袋（正面・裡側） ⑤摺疊
1 針趾
※製作2片。

62

材料
表布（平織布）20cm×20cm
配布（合成皮）20cm×5cm
裡布（棉布）20cm×20cm
接著襯（薄）20cm×20cm
寶石固定釦 5mm 4組
塑膠四合釦 13mm 1組

作法影片

https://x.gd/nfg7n

原寸紙型
無

完成尺寸
寬11×高7×側身3cm
（提把12cm）

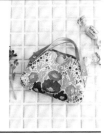

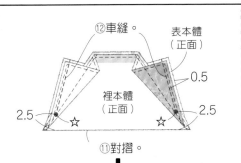

⑫車縫。
表本體（正面）
0.5
2.5
2.5
裡本體（正面）
⑪對摺。

⑬縫份倒向單側。

針趾
裡本體（正面）

⑭對齊針趾&底中心線，車縫側身。

※另一側縫法亦同。

2. 完成

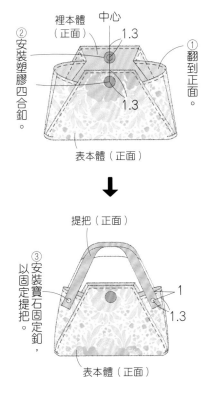

②安裝塑膠四合釦。
裡本體（正面）
中心
1.3
①翻到正面。
1.3
表本體（正面）

③以安裝寶石固定釦，固定提把。
提把（正面）
1
1.3
表本體（正面）

③翻到正面。

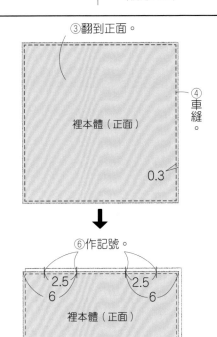

裡本體（正面）
④車縫。
0.3

⑥作記號。
2.5　2.5
6　　6
裡本體（正面）
⑤對摺。
※另一側也作上記號。

⑦摺疊6cm記號處。

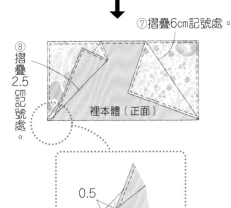

⑧摺疊2.5cm記號處。
裡本體（正面）

0.5

※另一側摺法亦同。

⑩車縫。

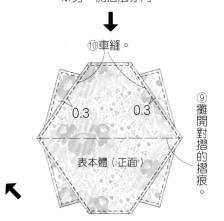

0.3　　0.3
⑨攤開對摺的摺痕。
表本體（正面）

裁布圖

※標示尺寸已含縫份。
※ ▨ 處需於背面燙貼接著襯（僅表布）。

表布・裡布（正面）

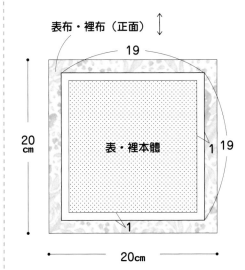

19
20cm
表・裡本體
1　19
1
20cm

配布（正面）

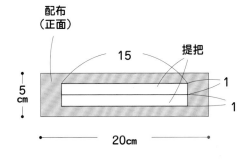

15
提把
5cm
1
1
20cm

1. 製作本體

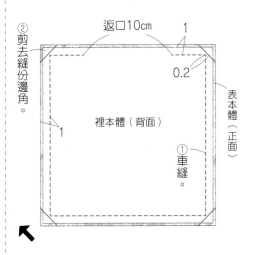

②剪去縫份邊角。
返口10cm
1
0.2
裡本體（背面）
1
①車縫。
表本體（正面）

材料
表布（平織布）35cm×25cm／**裡布**（平織布）45cm×45cm
配布（平織布）30cm×50cm／**接著襯**（薄）40cm×20cm
接著鋪棉（薄）30cm×20cm
塑膠四合釦 13mm 2組

原寸紙型
A面

完成尺寸
寬17×高9.5cm

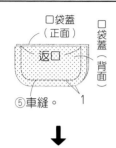

口袋蓋（正面）
口袋蓋（背面）
返口
⑤車縫。
1

↓

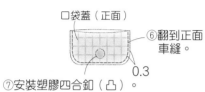

口袋蓋（正面）
⑥翻到正面車縫。
0.3
⑦安裝塑膠四合釦（凸）。

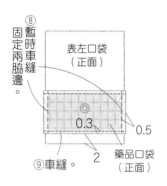

⑧暫時固定車縫兩脇邊。
表左口袋（正面）
0.3
0.5
⑨車縫。
2
藥品口袋（正面）

↓

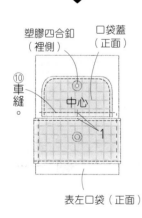

塑膠四合釦（裡側）
口袋蓋（正面）
⑩車縫。
中心
1
表左口袋（正面）

↓

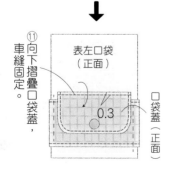

⑪向下摺疊口袋蓋，車縫固定。
表左口袋（正面）
0.3
口袋蓋（正面）

---

③攤開卡片口袋，上側＆表右口袋重疊。

卡片口袋（正面）
④車縫 10.5
上 1
表右口袋（正面）

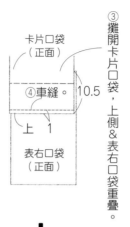

↓

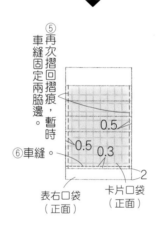

⑤再次摺回摺痕，車縫固定兩脇邊，暫時。
0.5
0.5 0.3
⑥車縫。
2
表右口袋（正面）
卡片口袋（正面）

↓

2.製作藥品口袋

①對摺。
藥品口袋（背面）
1
②車縫。

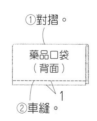

↓

③翻到正面車縫。
摺雙側
中心
藥品口袋（正面）
2 0.3
④安裝塑膠四合釦（凹）。

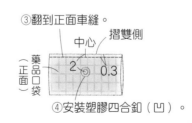

裁布圖

※除了釦絆＆口袋蓋之外皆無原寸紙型，請依標示尺寸（已含縫份）直接裁剪。
※▨▨▨處需於背面燙貼接著襯。
※□處需沿背面的完成線燙貼接著鋪棉。

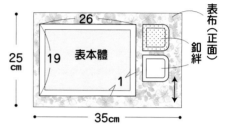

表布（正面）
26
25cm
19 表本體
釦絆
1
35cm

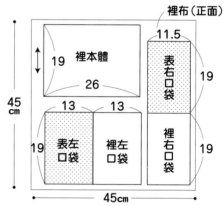

裡布（正面）
19 裡本體
26
11.5
表右口袋 19
45cm
13 13
19 表左口袋 / 裡左口袋
裡右口袋 19
45cm

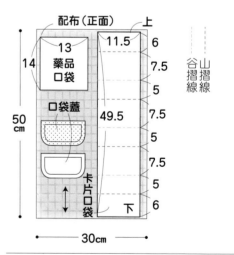

配布（正面） 上
13 藥品口袋
11.5 6
14
7.5
50cm
口袋蓋 49.5 5
7.5
卡片口袋 5
7.5
下 6
谷摺線 山摺線
30cm

1.製作卡片口袋

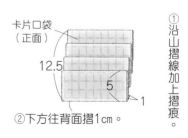

卡片口袋（正面）
12.5
5
1
①沿山摺線加上摺痕。
②下方往背面摺1cm。

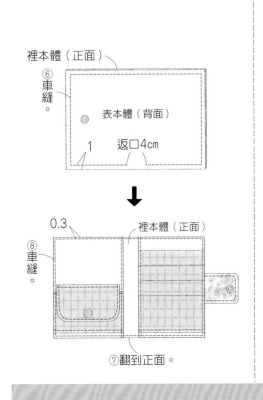

裡本體（正面）

⑥車縫。

表本體（背面）

1

返口4cm

⑧車縫。

0.3

裡本體（正面）

⑦翻到正面。

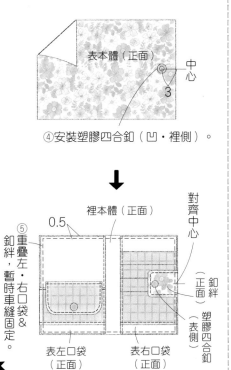

表本體（正面）

中心

3

④安裝塑膠四合釦（凹·裡側）。

⑤重疊左·右口袋＆釦絆，暫時車縫固定。

0.5

裡本體（正面）

對齊中心

釦絆（正面）

塑膠四合釦（表側）

表左口袋（正面）

表右口袋（正面）

3. 製作左右口袋

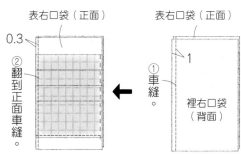

表右口袋（正面）

表右口袋（正面）

0.3

②翻到正面車縫。

①車縫。

1

裡右口袋（背面）

※左右對稱地製作左口袋。

4. 疊合表本體＆裡本體

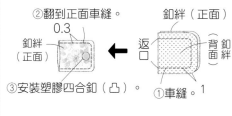

②翻到正面車縫。

釦絆（正面）

0.3

釦絆（正面）

返口

釦絆背面

③安裝塑膠四合釦（凸）。

①車縫。1

材料

表布（平織布）45cm×20cm

不織布 15cm×15cm

接著鋪棉 15cm×15cm

暗釦 7mm 1組

原寸紙型

A面

完成尺寸

寬13×高13cm（展開時）

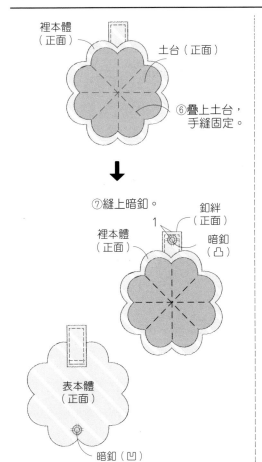

裡本體（正面）

土台（正面）

⑥疊上土台，手縫固定。

⑦縫上暗釦。

釦絆（正面）

1

裡本體（正面）

暗釦（凸）

表本體（正面）

暗釦（凹）

2. 製作本體

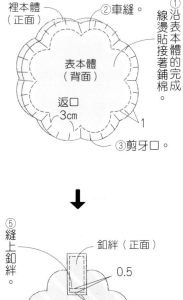

裡本體（正面）

②車縫。

①沿表本體的完成線燙貼接著鋪棉。

表本體（背面）

返口3cm

③剪牙口。

1

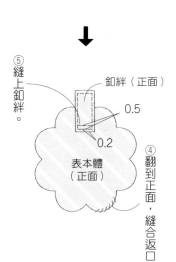

⑤縫上釦絆。

釦絆（正面）

0.5

0.2

表本體（正面）

④翻到正面，縫合返口。

裁布圖

※釦絆無原寸紙型，請依標示尺寸（已含縫份）直接裁剪。

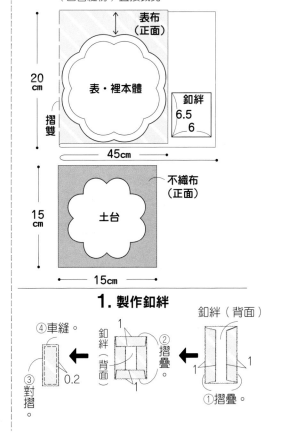

表布（正面）

20cm

表·裡本體

摺雙

釦絆

6.5

6

45cm

不織布（正面）

15cm

土台

15cm

1. 製作釦絆

④車縫。

釦絆（背面）

③對摺

0.2

釦絆（背面）

1

②摺疊

1

1

①摺疊

①對摺

材料
表布（尼龍塔夫綢）40cm×100cm
配布A（Cotton Lawn）100cm×5cm
配布B（尼龍塔夫綢）40cm×140cm
配布C（合成皮）10cm×10cm
雞眼釦 內徑14mm 2組
單圈 直徑30mm 2個

作法影片

https://x.gd/ztl5l

原寸紙型
無

完成尺寸
寬41×高44cm

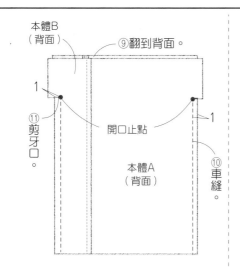

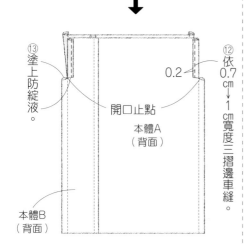

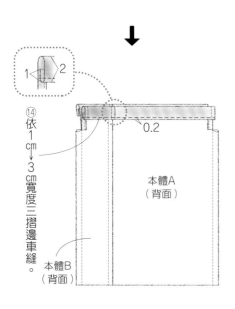

2. 製作本體

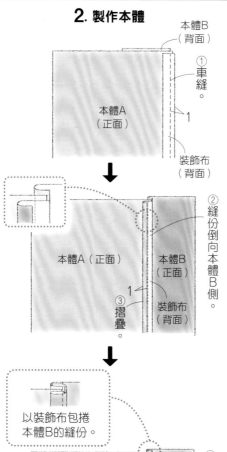

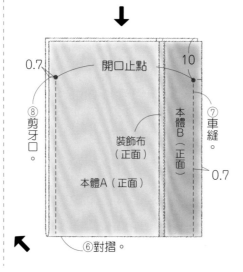

裁布圖

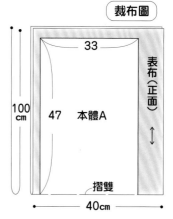

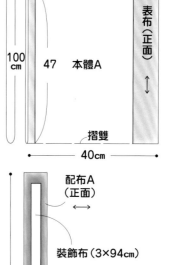

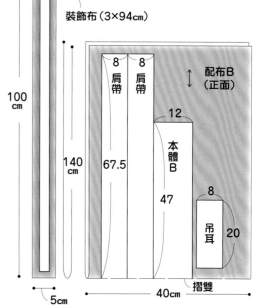

※標示尺寸已含縫份。

表布（正面）
33
100cm
47 本體A
40cm
摺雙

配布A（正面）
裝飾布（3×94cm）
100cm
140cm
67.5

配布B（正面）
8 肩帶 8 肩帶
12
本體B
47
吊耳 8 20
40cm 摺雙
5cm

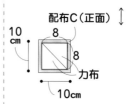

配布C（正面）
10cm
8
8
力布
10cm

1. 製作肩帶&吊耳

①摺四褶車縫。 肩帶（正面）
0.2
0.2
※另一條肩帶&兩條吊耳作法亦同。

66

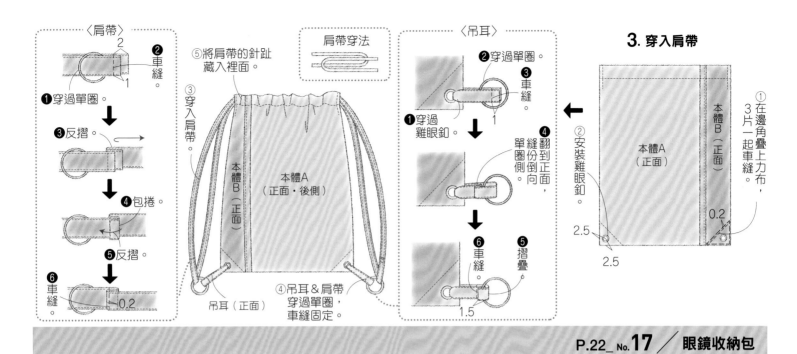

〈肩帶〉
❶穿過單圈。
❷車縫。
❸反摺。
❹包捲。
❺反摺。
❻車縫。 0.2

⑤將肩帶的針趾藏入裡面。
③穿入肩帶。

肩帶穿法

〈吊耳〉
❶穿過雞眼釦
❷穿過單圈。
❸車縫。
❹翻縫到正面，縫份倒向單圈側。
❺摺疊。
❻車縫。 1.5

本體B（正面）
本體A（正面・後側）
吊耳（正面）
④吊耳＆肩帶穿過單圈，車縫固定。

3. 穿入肩帶

①在邊角疊上力布，3片一起車縫。
②安裝雞眼釦。
本體A（正面）
本體B（正面）
2.5　2.5　0.2

材料
表布（平織布）30cm×30cm
裡布（平織布）30cm×30cm
配布A（平織布）35cm×35cm／配布B（棉布）5cm×5cm
接著鋪棉 30cm×30cm／包釦組 2cm 1組

原寸紙型
A面

完成尺寸
寬17×高9.5cm

---

④掛環向上翻，車縫固定。
掛環（正面）
斜布條（正面）
表本體（正面）
③參照P.49以斜布條包邊。

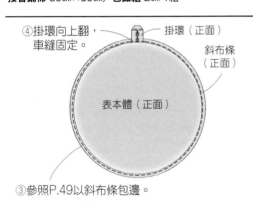

3. 摺疊本體
①沿山摺線a摺疊。
表本體（正面）

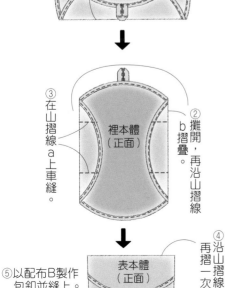

③在山摺線a上車縫
裡本體（正面）
②攤開，b摺疊。
④沿山摺線再摺一次。
⑤以配布B製作包釦並縫上。
表本體（正面）

※將斜布條接縫成90cm。

〈斜布條〉
③車縫。 1
④燙開縫份。
⑤剪去多餘部分。
斜布條（背面）

⑥兩側摺往中央接合。
斜布條（正面）
⑦摺疊。
斜布條（正面）
錯開0.1cm。

2. 接縫掛環＆斜布條

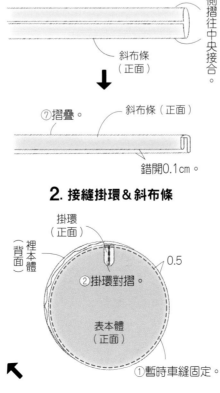

掛環（正面）
裡本體（背面）
②掛環對摺。 0.5
表本體（正面）
①暫時車縫固定。

裁布圖
※ □ 處需於背面燙貼接著鋪棉（僅表布）。

表布・裡布（正面）
30cm
表・裡本體
30cm

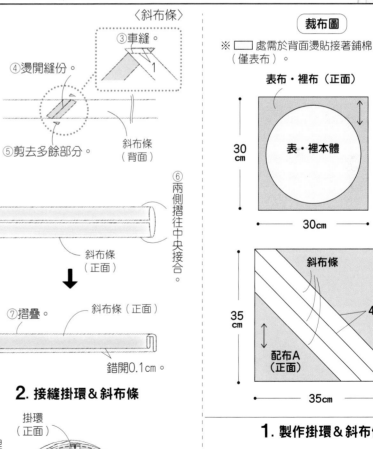

斜布條
35cm
配布A（正面）
4
35cm

※斜布條無原寸紙型，請依標示尺寸（已含縫份）直接裁剪。

1. 製作掛環＆斜布條
〈掛環〉
①剪10cm長斜布條。
掛環（正面）
②摺四褶車縫。 0.1

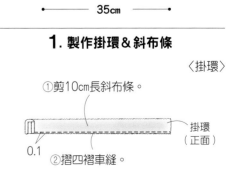

材料
表布（尼龍牛津布）45cm×35cm
配布（Cotton Lawn）25cm×15cm
雞眼釦 內徑11mm 2組／雙面固定釦 7.5mm 2組
線圈拉鍊 15cm 1條（若使用20cm拉鍊請參照作法影片）
鑰匙圈 20mm 1個／織帶 寬1cm 110cm

作法影片

https://youtu.be/
RgyTwQR304k

原寸紙型
無

完成尺寸
寬17×高16cm

---

4. 製作本體

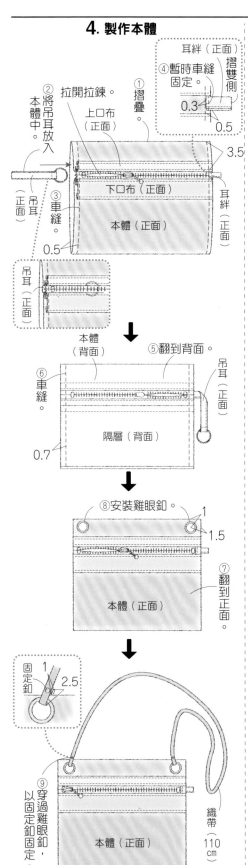

耳絆（正面）
④暫時車縫固定。
摺雙側
0.3
0.5

②將本體吊耳放入
①摺疊。
拉開拉鍊。
上口布（正面）
3.5
下口布（正面）
③車縫。
0.5
本體（正面）
耳絆（正面）
吊耳（正面）

吊耳（正面）

本體（背面）
⑥車縫。
⑤翻到背面。
吊耳（正面）
隔層（背面）
0.7

⑧安裝雞眼釦。
1
1.5
本體（正面）
⑦翻到正面。

固定釦
1
2.5

⑨以穿過雞眼釦固定。
本體（正面）
織帶
110cm

---

3. 安裝拉鍊

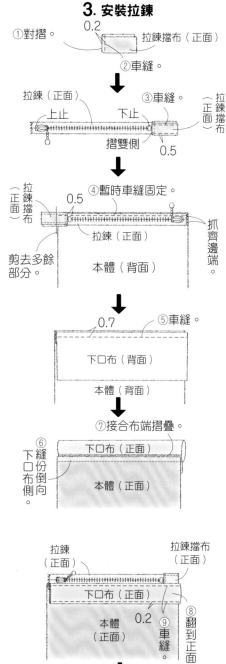

①對摺。
0.2
拉鍊擋布（正面）
②車縫。

拉鍊（正面）
上止　下止
③車縫。
拉鍊擋布（正面）
摺雙側
0.5

拉鍊擋布
0.5
④暫時車縫固定。
拉鍊（正面）
剪去多餘部分。
本體（背面）
抓齊邊端。

0.7
⑤車縫。
下口布（背面）
本體（背面）

⑦接合布端摺疊。

⑥縫份倒向下口布側。
下口布（正面）
縫份倒向
本體（正面）

拉鍊（正面）
拉鍊擋布（正面）
下口布（正面）
0.2
本體（正面）
⑨車縫。
⑧翻到正面。

拉鍊（背面）
11　0.3
隔層（背面）
本體（背面）
⑩暫時車縫固定。

※依④至⑨相同作法接縫上口布。

裁布圖
※標示尺寸已含縫份。

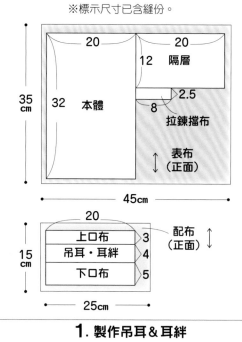

20　　20
12　隔層
35cm　32　本體　2.5
8
拉鍊擋布
表布（正面）
45cm

20
上口布　3
吊耳・耳絆　4
下口布　5
15cm
配布（正面）
25cm

---

1. 製作吊耳&耳絆

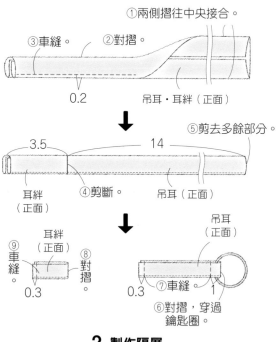

①兩側摺往中央接合。
③車縫。②對摺。
0.2　吊耳・耳絆（正面）

⑤剪去多餘部分。
3.5　　14
耳絆（正面）④剪斷。吊耳（正面）

⑨車縫。
耳絆（正面）
⑧對摺。
0.3
吊耳（正面）
0.3　⑦車縫。　1
⑥對摺，穿過鑰匙圈。

2. 製作隔層

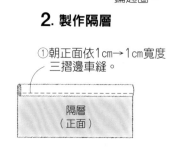

①朝正面依1cm→1cm寬度三摺邊車縫。
隔層（正面）

材料
表布（棉厚織79號）112cm×90cm
配布（棉布）20cm×40cm
鈕釦 24mm 1個・12mm 1個

原寸紙型
無

完成尺寸
寬31.4×高38×側身9cm
（提把62cm）

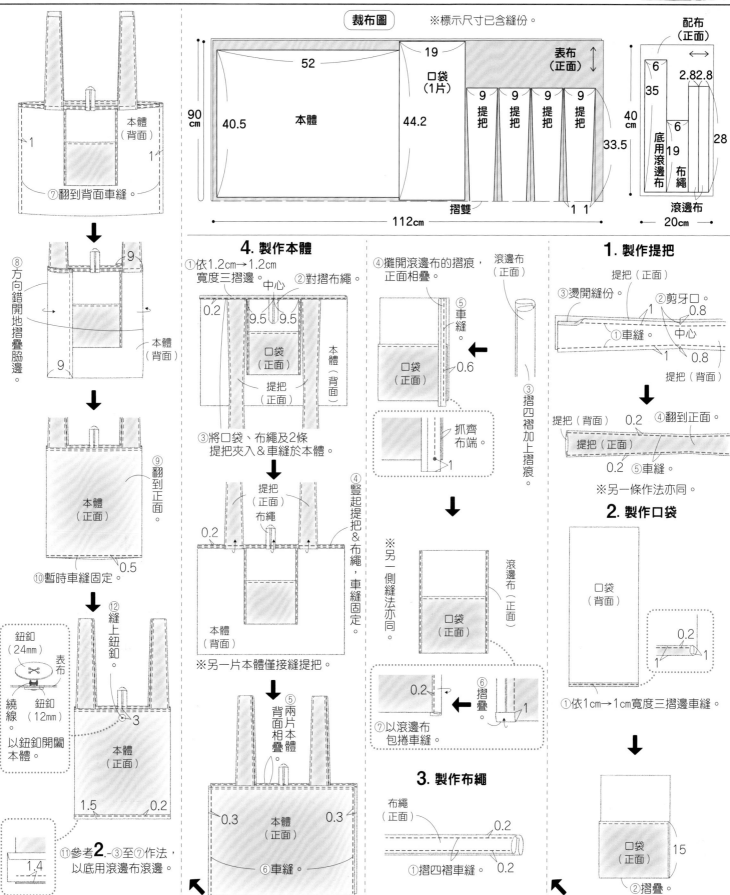

裁布圖　※標示尺寸已含縫份。

表布（正面）
90cm
52
40.5　本體
19
口袋（1片）
44.2
9 提把 9 提把 9 提把 9 提把
33.5
摺雙
112cm
1 1

配布（正面）
6　2.8 2.8
35
底用滾邊布　6　19　布繩　28
滾邊布
40cm
20cm

---

4. 製作本體
①依1.2cm→1.2cm寬度三摺邊。
②對摺布繩
中心
0.2
9.5 9.5
口袋（正面）
提把（正面）
本體（背面）
③將口袋、布繩及2條提把夾入＆車縫於本體。

提把（正面）
布繩
0.2
0.5
本體（背面）
※另一片本體僅接縫提把。

④豎起提把＆布繩，車縫固定。

⑤兩片本體正面相疊
背面相疊
0.3 本體（正面）0.3
⑥車縫。
⑪參考2.-③至⑦作法，以底用滾邊布滾邊。

---

④攤開滾邊布的摺痕，正面相疊。
滾邊布（正面）
⑤車縫。
口袋（正面）0.6
抓齊布端。1
③摺四褶加上摺痕。
滾邊布（正面）
※另一側縫法亦同。
口袋（正面）
0.2
⑥摺疊。1
⑦以滾邊布包捲車縫。

3. 製作布繩
布繩（正面）
0.2
0.2
①摺四褶車縫。

---

1. 製作提把
提把（正面）
③燙開縫份。
②剪牙口。
1　0.8
①車縫。中心
提把（背面）1　0.8
提把（背面）0.2
④翻到正面。
提把（正面）
0.2 ⑤車縫。
※另一條作法亦同。

2. 製作口袋
口袋（背面）
0.2
1　1
①依1cm→1cm寬度三摺邊車縫。

口袋（正面）15
②摺疊。

本體（背面）
1　1
⑦翻到背面車縫。

⑧方向錯開地摺疊脇邊。
9
9
本體（背面）

⑨翻到正面。
本體（正面）
⑩暫時車縫固定。

⑫縫上鈕釦。
鈕釦（24mm）
表布
繞線
鈕釦（12mm）
以鈕釦開闔本體。
3
本體（正面）
1.5　0.2
1.4

材料
請參照底下的作法說明。

原寸紙型	完成尺寸
P.70-71	No.25 直徑10cm
	No.26 直徑12cm
	No.27 直徑15cm

原寸刺繡圖案

※除指定處之外，皆為緞面繡。
※除指定處之外，皆使用2股繡線。
※數字為刺繡順序。

彩色繡框10cm〈檸檬〉（57-260）
表布（棉布）20cm×20cm
COSMO25號繡線 適量
※（ ）內的數字為色號

（300）
（155）
（600）
（297）
（843）
（155）
（100）

No.**25**〈檸檬與橄欖〉

㉑所有莖・直線繡
⑳所有果實
⑲
⑰莖・輪廓繡
⑱
線的部分為輪廓繡
①
②
⑪莖・直線繡
⑫所有花
⑬花蕊・直線繡
③
⑨
⑩
①
④
⑧
⑦莖・輪廓繡
⑥
⑤
②
⑭
⑮莖・輪廓繡，短的部分為直線繡
⑯所有果實

※刺繡針法參照P.49。

繡框 直徑12cm
表布（棉布）25cm×25cm
COSMO25號繡線 適量
※（ ）內的數字為色號

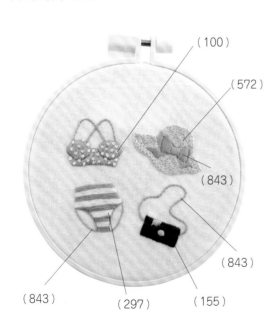

（100）
（572）
（843）
（843）
（843）
（297）
（155）

No.**26**〈沙灘〉

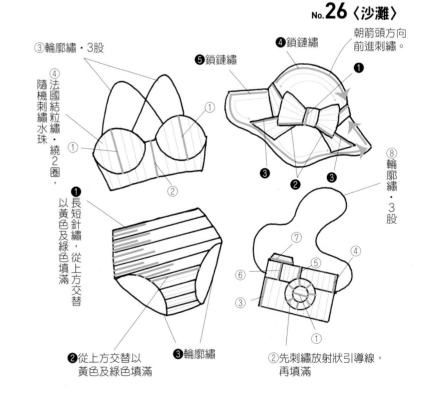

③輪廓繡・3股
④法國結粒繡・繞2圈，隨機刺繡水珠
❹鎖鏈繡
❺鎖鏈繡
❹鎖鏈繡
朝箭頭方向前進刺繡
❶
①
①
①
②
❸
❷
❸
⑧輪廓繡・3股
❶長短針繡，從上方交替以黃色及綠色填滿
⑦
④
⑤
⑥
③
①
❷從上方交替以黃色及綠色填滿
❸輪廓繡
②先刺繡放射狀引導線，再填滿

原寸刺繡圖案

※刺繡針法參照P.49。
※除指定處之外，皆為緞面繡。
※除指定處之外，皆使用2股繡線。
※數字為刺繡順序。

⑦水母的觸手皆為輪廓繡

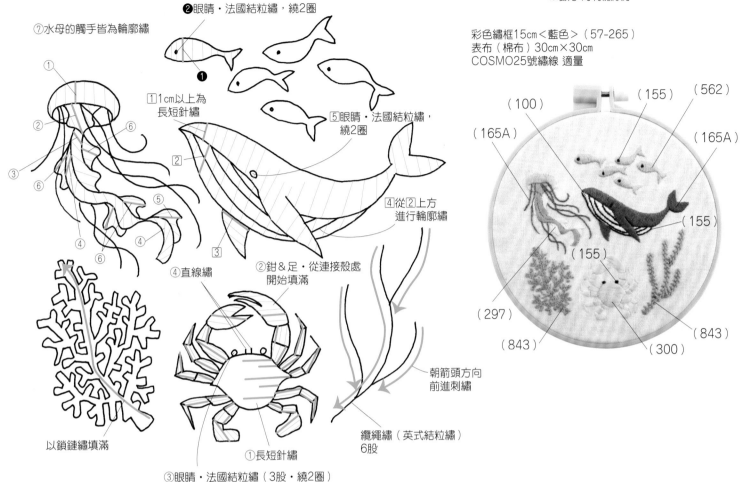

❷眼睛・法國結粒繡，繞2圈

❶

①1cm以上為
長短針繡

⑤眼睛・法國結粒繡，
繞2圈

②

④從②上方
進行輪廓繡

④直線繡

②鉗＆足・從連接殼處
開始填滿

③

以鎖鏈繡填滿

朝箭頭方向
前進刺繡

纏繩繡（英式結粒繡）
6股

①長短針繡

③眼睛・法國結粒繡（3股・繞2圈）

彩色繡框15cm＜藍色＞（57-265）
表布（棉布）30cm×30cm
COSMO25號繡線 適量

（100）　（155）　（562）

（165A）　　　　　　　　（165A）

（155）

（155）

（297）

（843）　　（300）　　（843）

---

⑤拉緊平針縫縫線，打結。

（正面・後側）　本體

⑥多餘部分摺入後側。

本體
（正面・後側）

⑦穿縫布端，固定開口。

刺繡壁飾作法

①將本體繃入繡框。

繡框

本體
（正面）

②刺繡。

④平針繡

本體
（正面・前側）

③修剪。

4

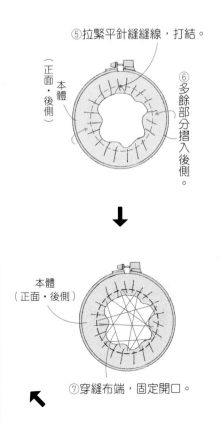

本體
（正面・前側）

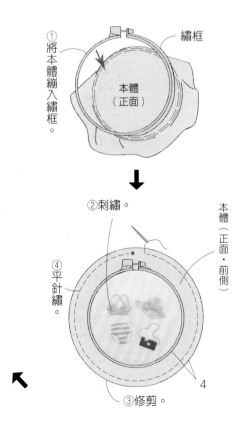

【 紙型板用法 】

拼布針

拼布專用針，比一般縫針短。以自己慣用的針代替也OK。

疏縫線

材質為絲或棉。絲質的疏縫線不易讓布起毛球。

拼布用線

100%棉，經手縫加工的好縫拼布線。

六角形紙型板

①塑膠型板
②紙型板

作品No.28使用的紙型板
六角形紙型板12mm＜1751＞
作品No.29使用的紙型板
六角形紙型板16mm＜1752＞
金亀糸業株式会社

1. 製作布塊

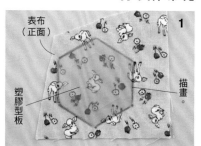

1

將要露出的圖案置於塑膠型板中心。塑膠型板已含縫份，可直接以粉土筆沿周圍描畫後裁剪。

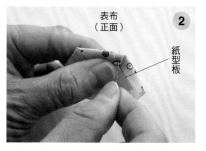

2

以表布包覆紙型板，以疏縫線連同紙型板進行疏縫。

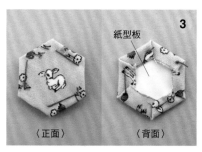

3

完成一片布塊。依相同作法製作所需數量。

2. 拼接布塊

1

在起縫處打始縫結，先回1針再前進。重疊兩片布塊，僅挑布邊進行捲針縫。縫畢也回1針再打止縫結。

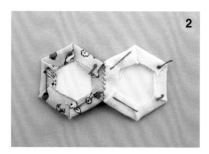

2

拼接完兩片布塊。

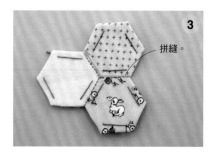

3

依相同作法拼接剩餘的部件，如圖示完成接邊縫合的模樣。

Point

不易進行捲針縫的部分，可將紙型板摺疊拼縫。

4

全部拼接完成後，以熨斗整燙。拆下疏縫線，取出紙型板。

5

整理形狀，再次燙平。

材料

表布（棉布）5cm×5cm 10片

配布（棉布）10cm×15cm

鋪棉 適量

六角形紙型板12mm＜1751＞10片

原寸紙型
無

完成尺寸
寬6×長4.5cm

⑩整理鋪棉放入。

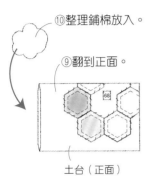

⑨翻到正面。

土台（正面）

⑪內摺1cm，以藏針縫縫合。

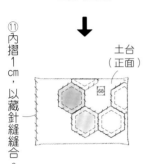

土台（正面）

④平針縫。

0.3

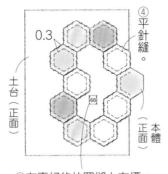

土台（正面）

本體（正面）

⑤在喜好的位置縫上布標。

⑦手縫。

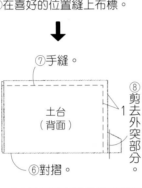

土台（背面）

⑧剪去外突部分。

1

⑥對摺。

②參照P.72「**2. 拼縫布塊**」，如圖拼縫10片布塊，製作本體。

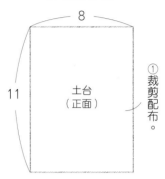

本體（正面）

本體（正面）

③接縫固定。

對齊中心。

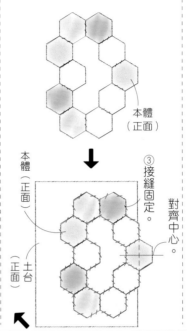

土台（正面）

1. 製作土台

8

11

土台（正面）

①裁剪配布。

2. 製作本體

①參照P.72「**1. 製作布塊**」以表布製作10片布塊。

布塊（正面）

材料

表布（棉布）5cm×5cm 14片

25號繡線（紅色）適量

鋪棉 適量

六角紙型板 16mm＜1752＞14片

刺繡圖案
P.73

完成尺寸
寬8×高8cm

⑨縫合返口。

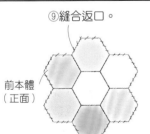

前本體（正面）

⑤背面相疊。

預留返口

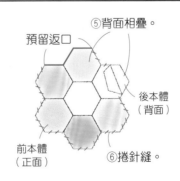

後本體（背面）

前本體（正面）

⑥捲針縫。

刺繡圖案

※刺繡針法參照P.49。

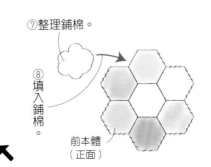

十字繡

⑦整理鋪棉。

⑧填入鋪棉。

前本體（正面）

1. 製作本體

②參照P.72「**1. 製作布塊**」以表布製作14片布塊。

布塊A（正面）

①刺繡（25號繡線·1股）。

③參照P.72「**2. 拼接布塊**」，如圖拼接7片布塊。

④依②至③作法製作前本體。

後本體（正面）

前本體（正面）

布塊A（正面）

材料
表布（Cotton Lawn）寬122cm×250cm
接著襯（薄）15cm×80cm

原寸紙型
C面

完成尺寸
總長96.5cm

---

②以粗針目車縫，直到抽皺止點。

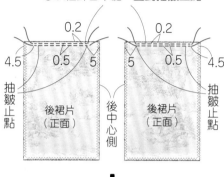

0.2 ... 0.2
4.5 0.5 5 5 0.5 4.5
抽皺止點 後裙片（正面） 後中心側 後裙片（正面） 抽皺止點

5.5
③車縫。
□袋口 14.5cm
1.5
後裙片（背面） 後中心側 前裙片（正面）

④燙開縫份。

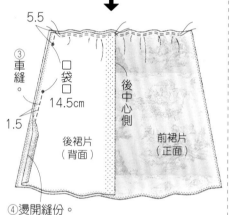

※另一側縫法亦同。

1
⑤車縫。
□袋口
0.8
1
後裙片（背面） 前裙片（正面）
袋布A（背面）

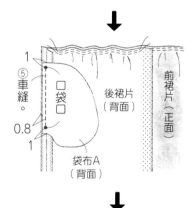

⑥自針趾反摺袋布A，從正面側車縫。

2
前裙片（背面） 0.5 袋布（正面） 後裙片（背面） 2

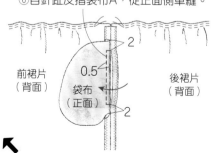

---

1. 車縫前的準備

4.5 1
①燙貼接著襯。
16.5 1.5 □袋口
1

前裙片（背面）

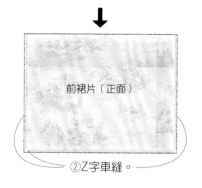

前裙片（正面）

②Z字車縫。

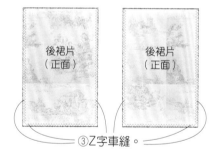

後裙片（正面） 後裙片（正面）

③Z字車縫。

袋布B（正面）

④Z字車縫。

2. 製作前·後裙片

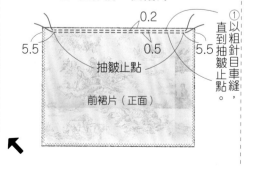

0.2
5.5 0.5 5.5
抽皺止點 ①以粗針目車縫，直到抽皺止點。
前裙片（正面）

裁布圖

※除了表·裡前、表·裡後及袋布之外皆無原寸紙型，請依標示尺寸（已含縫份）直接裁剪。
※□ 將紙型翻面使用。
※▨ 處需於背面燙貼接著襯。

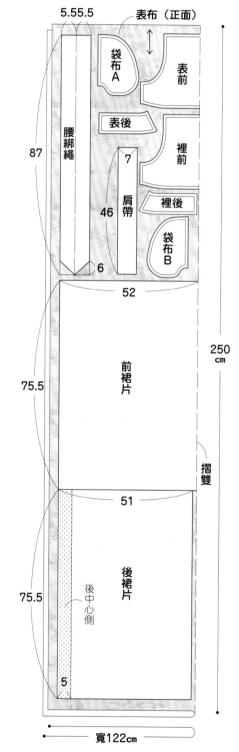

5.5 5.5 5.5 表布（正面）
袋布A
表前
腰綁繩 表後
87 裡前
7
46 肩帶 裡後
袋布B
52
250cm
前裙片
75.5
摺雙
51
後裙片 後中心側
75.5
5

寬122cm

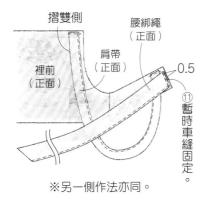

摺雙側　腰綁繩（正面）
肩帶（正面）
裡前（正面）
0.5
⑪暫時車縫固定。

※另一側作法亦同。

6. 縫合衣身＆裙片

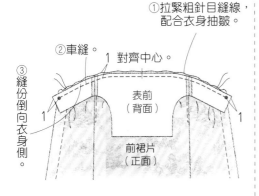

①拉緊粗針目縫線，配合衣身抽皺。
②車縫
1　對齊中心。
③縫份倒向衣身側。
1　表前（背面）　1
前裙片（正面）

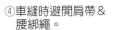

④車縫時避開肩帶＆腰綁繩。
表前（正面）
1
裡前（背面）
前裙片（正面）

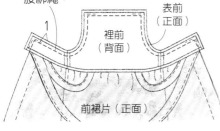

（背面）

⑥車縫。　⑤翻到正面。
0.2
表前（正面）
0.2
前裙片（正面）

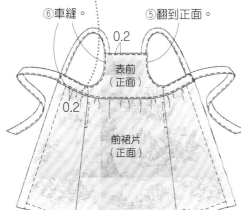

5. 接縫肩帶＆腰綁繩

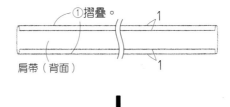

①摺疊。
1
肩帶（背面）
1

※另一條作法亦同。

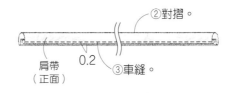

②對摺。
肩帶（正面）
0.2
③車縫

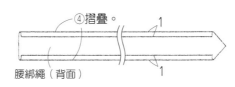

④摺疊。
1
腰綁繩（背面）
1

⑤對摺。　⑥車縫。
腰綁繩（背面）
1

⑧對摺。　⑦翻到正面。
0.2
腰綁繩（正面）
⑨車縫。

※另一條作法亦同。

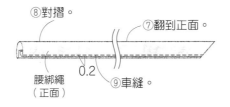

⑩暫時車縫固定。
0.5
0.5
裡前（正面）
肩帶（正面）

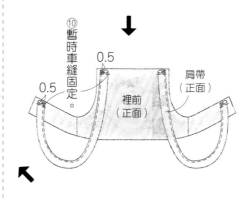

（右欄）

⑦重疊袋布B，對齊裁剪端。
後裙片（正面）
⑩僅車縫後裙片＆袋布B的縫份。
⑧僅車縫袋布A‧B。
止縫點
0.8
袋布A（背面）
前裙片（背面）
1　1
袋布B（背面）
1
止縫點
袋布A（正面）
⑨兩片一起Z字車縫。

※另一側縫法亦同。

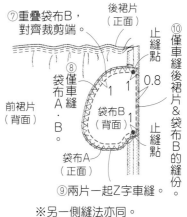

3. 車縫下襬線

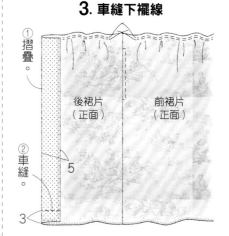

①摺疊。
後裙片（正面）　前裙片（正面）
②車縫。
5
3

※另一側縫法亦同。

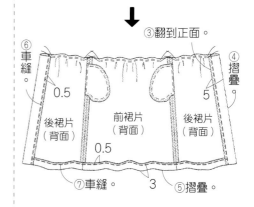

⑥車縫。　③翻到正面。　④摺疊。
0.5
5
後裙片（背面）
前裙片（背面）
後裙片（背面）
0.5
⑦車縫。　3　⑤摺疊。

4. 車縫前＆後

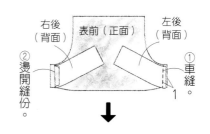

右後（背面）　表前（正面）　左後（背面）
②燙開縫份。
①車縫。
1

③依①至②作法車縫裡前‧裡後。

裡後（背面）
裡前（背面）
1　④僅摺疊裡前‧裡後。

材料

表布（棉密織平紋布）108cm×75cm

配布（棉布）108cm×30cm

裡布（棉布）148cm×35cm

接著襯（swany soft）92cm×20cm

作法影片

https://youtu.be/eki_UNfi2wg

原寸紙型

B面

完成尺寸

寬37×高26cm

（提把50cm）

---

3. 製作裡本體，與表本體疊合

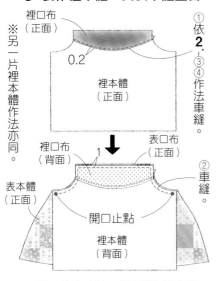

※另一片裡本體作法亦同。

依 2. ① ③ ④ 作法車縫。

裡口布（正面）

0.2

裡本體（正面）

裡口布（背面）　　表口布（正面）　　②車縫。

表本體（正面）　　開口止點　　裡本體（背面）

※另一片表本體&裡本體作法亦同。

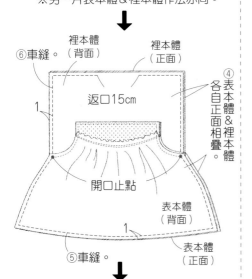

⑥車縫。　裡本體（背面）　　裡本體（正面）

返口15cm

1

開口止點

表本體（背面）

表本體（正面）

⑤車縫。

④各自表本體&裡本體正面相疊。

提把（正面）　　⑧車縫。

裡本體（正面）

0.2

表本體（正面）

⑦翻到正面，縫合返口。

提把（正面）　　②對摺。

③車縫。　0.2

※製作6條。

2. 製作表本體

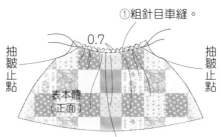

①粗針目車縫。

0.7

抽皺止點　　抽皺止點

表本體（正面）

②拉緊粗針目縫線，進行抽皺。

將皺褶對齊表口布的尺寸。

對齊本體中心&抽皺止點。

表口布（背面）

1　中心

③車縫。

表本體（正面）

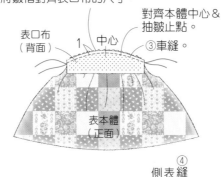

表口布（正面）

0.2

表本體（正面）

④縫份倒向側表口布車縫。

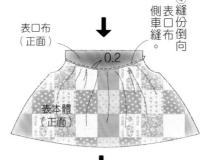

⑤暫時車縫固定。　0.5

提把（正面）　　表口布（正面）

表本體（正面）

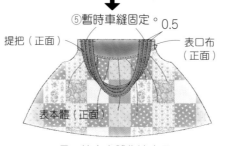

※另一片表本體作法亦同。

裁布圖

※提把無原寸紙型，請依標示尺寸（已含縫份）直接裁剪。

※ ▨ 處需於背面燙貼接著襯。

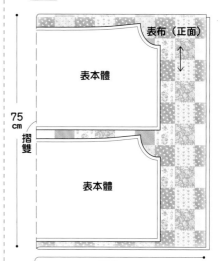

表布（正面）

表本體

表本體

75cm　摺雙

108cm

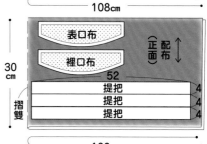

表口布

裡口布

52

提把　4

提把　4

提把　4

30cm　摺雙

配布（正面）

108cm

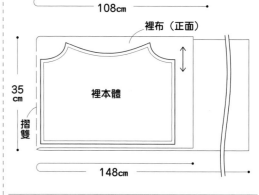

裡布（正面）

裡本體

35cm　摺雙

148cm

1. 製作提把

①兩側摺往中央接合。

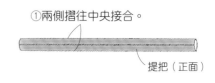

提把（正面）

材料
表布（棉亞麻）122cm×30cm
裡布（棉布）148cm×35cm
接著襯（swany medium）92cm×40cm
線圈拉鍊（5C：布帶寬約3.2cm）50cm
皮革提把（寬1cm 40cm）1組
皮革用手縫線 適量

作法影片

https://youtu.be/
kG40LHSKoWg

原寸紙型
B面

完成尺寸
寬35×高19.5×側身15cm
（提把30cm）

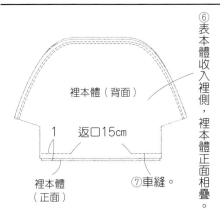

⑥表本體收入裡側，裡本體正面相疊。

裡本體（背面）

1　返口15cm

裡本體（正面）

⑦車縫。

↓

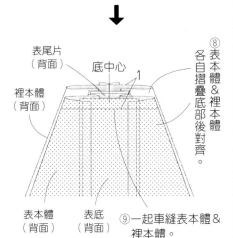

表尾片（背面）
底中心
1
裡本體（背面）

表本體（背面）　表底（背面）

⑧表本體＆裡本體各自摺疊底部後對齊。

⑨一起車縫表本體＆裡本體。

※另一側縫法亦同。

3. 接縫提把

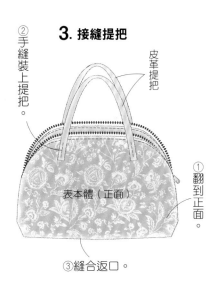

②手縫裝上提把。

皮革提把

表本體（正面）

①翻到正面。

③縫合返口。

---

⑧車縫。

0.7

表本體（背面）

裡本體（正面）

⑦表本體＆裡本體正面相疊。

↓

拉鍊（正面）

0.2

表本體（正面）

⑨翻到正面車縫。

裡本體（背面）

※另一片表本體＆裡本體也縫上接鍊。

2. 製作表本體＆裡本體

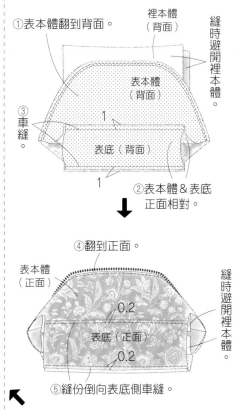

①表本體翻到背面。

裡本體（背面）

③車縫。

表本體（背面）

1
表底（背面）
1

②表本體＆表底正面相對。

縫時避開裡本體。

↓

④翻到正面。

表本體（正面）

0.2
表底（正面）
0.2

⑤縫份倒向表底側車縫。

縫時避開裡本體。

裁布圖

※除了表・裡本體之外皆無原寸紙型，請依標示尺寸（已含縫份）直接裁剪。
※▨▨處需於背面燙貼接著襯。

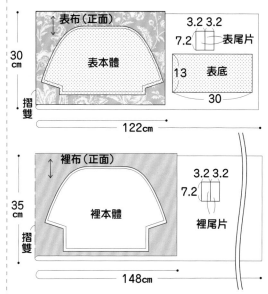

↑表布（正面）

30cm

摺雙

表本體

3.2 3.2
7.2　表尾片
13　表底
30

122cm

↑裡布（正面）

35cm

摺雙

裡本體

3.2 3.2
7.2
裡尾片

148cm

1. 安裝拉鍊

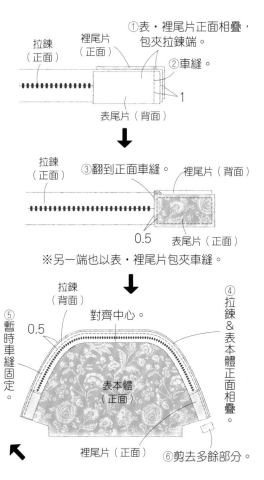

拉鍊（正面）

裡尾片（正面）

①表・裡尾片正面相疊，包夾拉鍊端。
②車縫。
1

表尾片（背面）

↓

拉鍊（正面）

③翻到正面車縫。

裡尾片（背面）

0.5　表尾片（正面）

※另一端也以表・裡尾片包夾車縫。

↓

拉鍊（背面）

對齊中心。

0.5

⑤暫時車縫固定。

表本體（正面）

④拉鍊＆表本體正面相疊。

裡尾片（正面）

⑥剪去多餘部分。

材料
表布（棉布）108cm×40cm
裡布（棉布）110cm×35cm
接著襯（swany soft）92cm×35cm

作法影片

https://youtu.be/
Bb5bU7xNy6I

原寸紙型
C面

完成尺寸
寬26.5×高28.5cm
（提把32cm）

斜布條B（背面）
1　1

⑦兩端正面相疊，縫合1cm處，燙開縫份。

3. 接縫斜布條

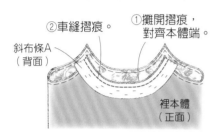

②車縫摺痕。
①攤開摺痕，對齊本體端。
斜布條A（背面）
裡本體（正面）

斜布條A（正面）
③沿摺痕重新摺疊，包捲縫份車縫。
表本體（正面）
0.2
剪去多餘部分。

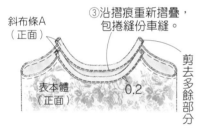

④對齊本體端。
斜布條B（背面）
⑤車縫摺痕。
對齊中心&脇邊線。
對齊針趾&脇邊線。
裡本體（正面）
繩帶接縫止點

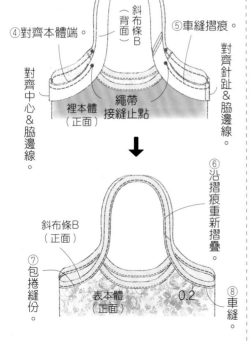

斜布條B（正面）
⑦包捲縫份。
⑥沿摺痕重新摺疊
表本體（正面）
0.2
⑧車縫。

※裡本體作法亦同。

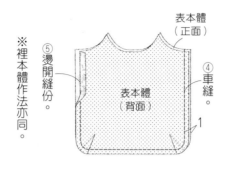

⑤燙開縫份。
表本體（正面）
④車縫
表本體（背面）
1

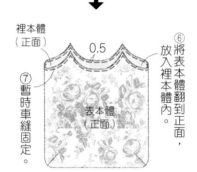

裡本體（正面）
0.5
⑥將表本體翻到正面，放入裡本體內。
⑦暫時車縫固定。
表本體（正面）

2. 製作斜布條

①兩片斜布條B正面相疊。

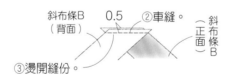

斜布條B（背面）
0.5
②車縫。
斜布條B（正面）
③燙開縫份。

繩帶接縫止點
9　32　繩帶接縫止點10
斜布條B（正面）
④對摺。
⑤作記號。
剪去多餘部分。

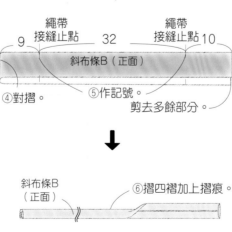

斜布條B（正面）
⑥摺四褶加上摺痕。

※兩條斜布條A摺法亦同。

裁布圖

※斜布條A・B無原寸紙型，請依標示尺寸（已含縫份）直接裁剪。
※ ▨ 處需於背面燙貼接著襯。

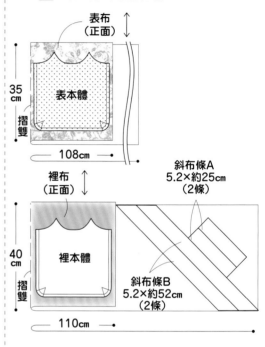

表布（正面）
35cm
表本體
摺雙
108cm

斜布條A
5.2×約25cm
（2條）

裡布（正面）
40cm
裡本體
摺雙
110cm

斜布條B
5.2×約52cm
（2條）

1. 製作表本體&裡本體

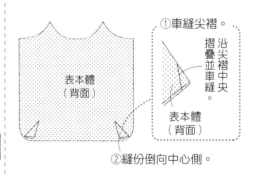

表本體（背面）
①車縫尖褶。
沿尖褶中央摺疊並車縫。
表本體（背面）
②縫份倒向中心側。

裡本體（背面）
③依①②作法車縫（縫份倒向外側）。

材料
表布（棉布）108cm×20cm
裡布（棉布）110cm×20cm
接著襯（swany soft）92cm×20cm
彈片口金 寬12㎜ 1個

作法影片
https://youtu.be/
4U2tInWC8-I

原寸紙型
無

完成尺寸
寬12×高12.5×側身5cm

3. 安裝彈片口金

露出螺栓頭部的一側朝上
螺栓
彈片口金

①將口金穿入口布。
一邊穿入口金。
一邊穿抽皺，
口布（正面）
彈片口金
表本體（正面）

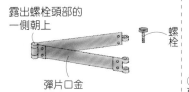

表本體（正面）

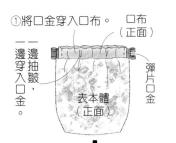

②安裝螺栓
❶接合口金兩端。

❷插入螺栓，以鉗子等固定。

返口8cm
裡本體（正面）
裡本體（背面）
③表本體&裡本體各自正面相疊。
④車縫
1
②縫份倒向裡本體側。
表本體（背面）
⑤燙開縫份。
表本體（正面）
裡本體

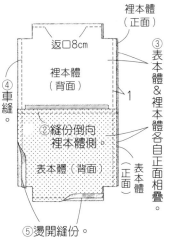

表本體（背面）
脇邊
1
⑥對齊脇邊線&底中線車縫。
※另一側&裡本體縫法亦同。

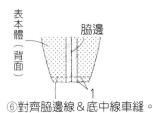

⑧縫合返口。
表本體（正面）
⑦翻到正面。

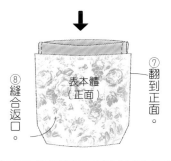

0.5 對齊中心。
摺雙側
口布（正面）
表本體（正面）
④暫時車縫固定。
※另一組縫份亦同。

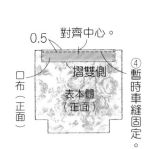

2. 製作本體

①車縫。
裡本體（背面）
表本體（正面）
※另一片表本體&裡本體縫法亦同。

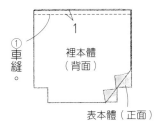

裁布圖
※標示尺寸已含縫份。
※□□□處需於背面燙貼接著襯。

表布（正面）
17
表本體 15.5
20cm
2.5
2.5
摺雙
108cm

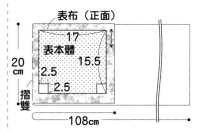

17
裡本體 15.5
20cm
2.5 2.5
5 口布
16
（正面）裡布
摺雙
110cm

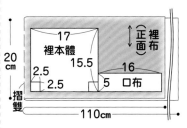

1. 接縫口布

①褶疊。
口布（背面）
1 1
0.7 0.7
②車縫。
③對摺。
口布（正面）
※另一片縫份亦同。

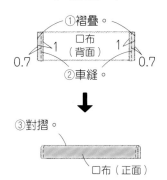

材料
疊緣 約寬8cm 20cm
蠟繩 寬3mm 60cm

原寸紙型
無

完成尺寸
寬8×高6×側身3cm

1. 製作本體

束口繩穿法

⑤穿入蠟繩（30cm・2條），尾端打結。
本體（正面）

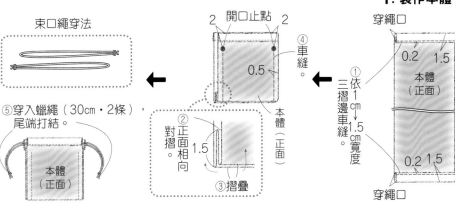

2 開口止點 2
0.5
④車縫。
②對摺正面相向
1.5
③摺疊
本體（正面）
①依1cm三摺邊車縫。
穿繩口
0.2 1.5
本體（正面）
1cm 1.5 寬度
0.2 1.5
穿繩口

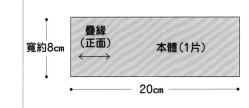

疊緣裁剪圖
※標示尺寸已含縫份。
疊緣（正面）
本體（1片）
寬約8cm
20cm

材料
表布（棉亞麻）寬122cm×180cm
鬆緊帶 寬1.5cm 80cm

原寸紙型
C面

完成尺寸
腰圍 70cm
裙長 80cm

對齊脇邊＆
腰帶中央。

後裙片（背面）　1　⑥車縫。

腰帶（背面）

對齊脇邊＆針趾。

前裙片（正面）

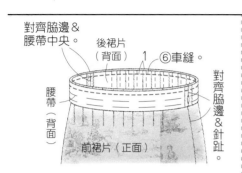

↓

⑦摺回摺痕，包捲縫份。

後裙片（背面）　0.2　⑧車縫。

腰帶（正面）

前裙片（正面）

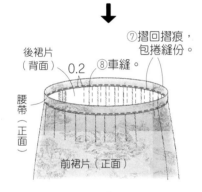

↓

⑩車縫。　重疊2cm

後裙片（背面）

鬆緊帶

腰帶（正面）

⑨穿入鬆緊帶（72cm）。

前裙片（正面）

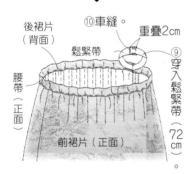

3. 車縫下襬線

前裙片（正面）

0.2　2.5
③車縫。　②摺疊。　①Z字車縫。

---

②對齊褶襉摺疊。

前裙片（背面）　止縫點　③車縫。

④褶襉倒向右側。

中心

前裙片（背面）

止縫點

※後裙片縫法亦同。

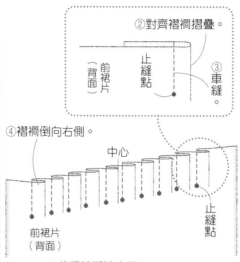

↓

後前片（正面）

1.5

⑥燙開縫份。

前裙片（背面）

⑤車縫。

2. 接縫腰帶

①對摺。

1

②摺疊。

腰帶（正面）

↓

③攤開摺痕。

1
鬆緊帶穿入口（2cm）
1

腰帶（背面）

④車縫。

⑤燙開縫份。

腰帶（背面）

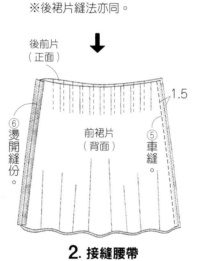

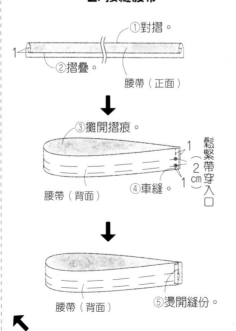

裁布圖

※腰帶無原寸紙型，請依標示尺寸（已含縫份）
　直接裁剪。

腰帶
51
6

前裙片

表布（正面）

180cm

摺雙　後裙片

寬122cm

1. 製作裙子

前裙片（正面）

①Z字車縫。

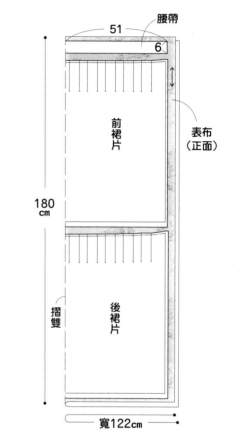

※後裙片同樣Z字車縫。

80

材料
表布（棉亞麻）寬122cm×200cm
鬆緊帶 寬3cm 75cm

原寸紙型
無

完成尺寸
腰圍 70cm
裙長 82cm

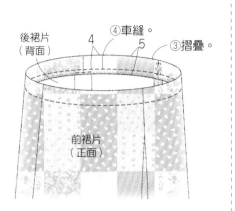

後裙片
（背面）
④車縫。
4
5
③摺疊。
前裙片
（正面）

↓

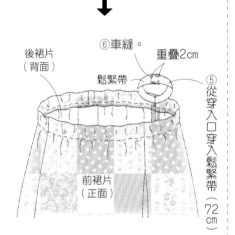

⑥車縫。
重疊2cm
後裙片
（背面）
鬆緊帶
⑤從穿入口穿入鬆緊帶（72cm）。
前裙片
（正面）

4. 車縫下襬線

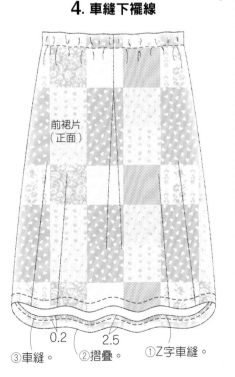

前裙片
（正面）

0.2　2.5
③車縫。　②摺疊。　①Z字車縫。

---

2. 車縫脇邊線

※後裙片同樣Z字車縫。

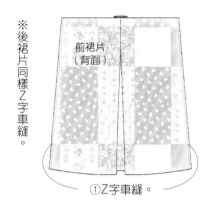

前裙片
（背面）

①Z字車縫。

↓

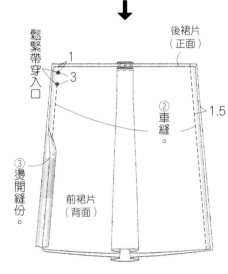

鬆緊帶穿入口
1
3
後裙片
（正面）
②車縫。
1.5
③燙開縫份。
前裙片
（背面）

3. 車縫腰部

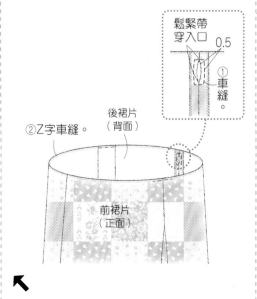

鬆緊帶穿入口
0.5
①車縫。

②Z字車縫。
後裙片
（背面）
前裙片
（正面）

裁布圖

※標示尺寸已含縫份。

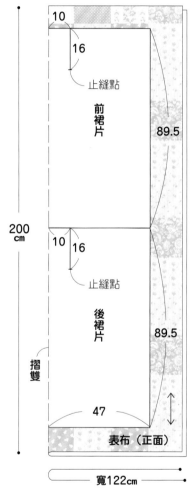

10
16
止縫點
前裙片
89.5

200cm

10　16
止縫點
後裙片
89.5

摺雙

47
表布（正面）

寬122cm

---

1. 車縫褶襉

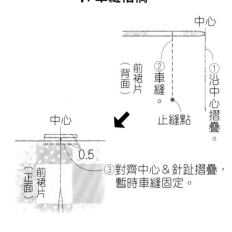

中心
前裙片
（背面）
②車縫。
①沿中心摺疊。
止縫點

中心
前裙片
（正面）
0.5

③對齊中心＆針趾摺疊，暫時車縫固定。

※後裙片縫法亦同。

材料
表布（平織布）108cm×120cm
接著襯 10cm×10cm／圓繩 粗0.3cm 80cm
鈕釦 18mm 1組
陽傘工具組（摺疊型）1組

原寸紙型
C面

完成尺寸
陽傘：長35cm（收摺狀態）
傘袋：寬11×高30cm

No.37　No.05

---

③依天紙、本體、骨架前端套入的順序從骨架前端套入。

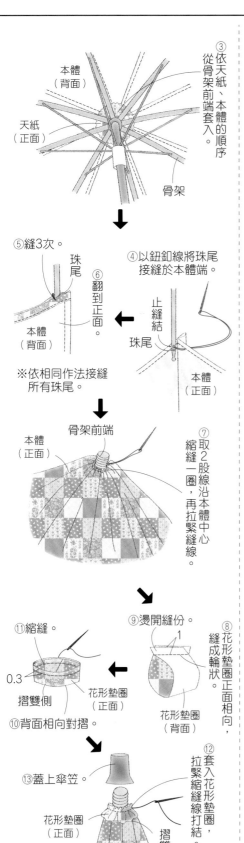

本體（背面）
天紙（正面）
骨架

⑤縫3次。
珠尾
⑥翻到正面。
本體（背面）

④以鈕釦線將珠尾接縫於本體端。
止縫結
珠尾
本體（正面）

※依相同作法接縫所有珠尾。

骨架前端
本體（正面）
⑦取2股線沿本體中心縮縫一圈，再拉緊縫線。

⑪縮縫。
0.3
摺雙側
⑩背面相向對摺。
花形墊圈（正面）

⑨燙開縫份。
1
花形墊圈（正面）
花形墊圈（背面）
⑧花形墊圈正面相向，縫成輪狀。

⑬蓋上傘笠。
花形墊圈（正面）
本體（正面）
摺雙側
⑫套入花形墊圈，拉緊縮縫線打結。

止縫點
⑤看著針趾側車縫。
0.2
本體（背面）

④摺疊 1.5
本體（背面）

⑥修剪縫份。
0.3
本體（背面）

※每兩片依相同作法拼接，再縫合成4組。

2. 接縫固定繩

固定繩（正面）
0.8
0.2
①摺四褶車縫。

②針趾置於外側再對摺。

本體（背面）
本體（背面）
本體（背面）1 1
中心 3
③車縫。固定繩（正面）

本體（背面）
本體（背面）
本體（背面）
1.5
固定繩（正面）
④反摺車縫。

3. 於本體安裝骨架

天紙（正面）
①在天紙中心開一個直徑0.5cm圓孔
②以鋸齒剪刀修剪外圍。

裁布圖

※除了天紙・本體・花形墊圈之外無原寸紙型，請依標示尺寸（已含縫份）直接裁剪。
※▨處需於背面燙貼接著襯（天紙）。

表布（正面）
天紙
花形墊圈
袋布
13
35.5
本體
35×4cm 提把
本體
120cm
本體
48×3cm 固定繩
本體
摺雙
108cm

1. 製作本體　〈陽傘〉

0.5
0.5
本體（背面）
0.2 0.5
※製作8片

①依0.5cm→0.5cm寬度三摺邊車縫。

③只剪前面1片的縫份。
止縫點
②車縫。
本體（正面）
本體（背面）
0.5
2
本體（背面）

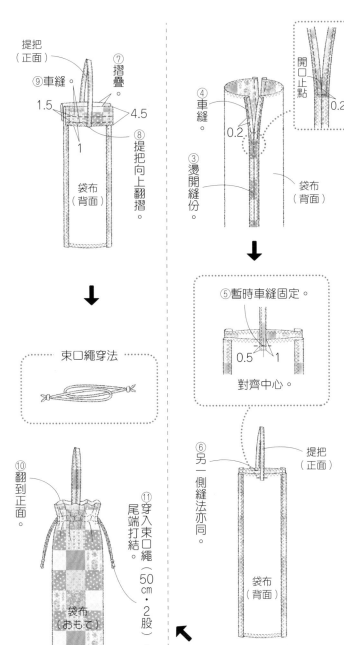

提把（正面）

⑨車縫。

⑦摺疊。

1.5　　4.5

1

袋布（背面）

⑧提把向上翻摺。

束口繩穿法

⑩翻到正面。

⑪穿入束口繩（50cm・2股），尾端打結。

袋布（おもて）

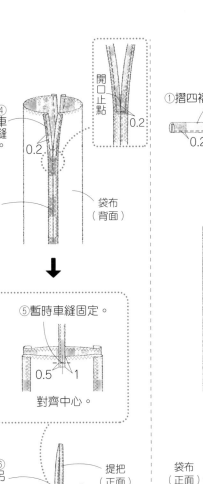

④車縫。

0.2

③燙開縫份。

開口止點

0.2

袋布（背面）

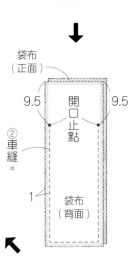

⑤暫時車縫固定。

0.5　1

對齊中心。

⑥另一側縫法亦同。

提把（正面）

袋布（背面）

〈傘套〉

1. 製作提把

①摺四褶車縫。

0.2

提把（正面）

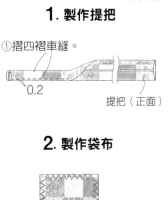

2. 製作袋布

袋布（正面）

①Z字車縫。

※製作2片。

袋布（正面）

9.5　開口止點　9.5

②車縫。

1

袋布（背面）

⑭打開骨架，依圖示順序以鈕釦線繞2至3圈，將骨架固定於本體縫份（共16處）。

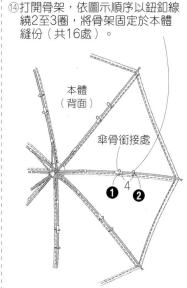

本體（背面）

傘骨銜接處

2　4

❶　❷

4. 完成

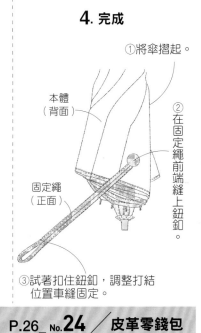

①將傘摺起。

②在固定繩前端縫上鈕釦。

本體（背面）

固定繩（正面）

③試著扣住鈕釦，調整打結位置車縫固定。

P.26_ No.24／皮革零錢包

材料

表布（皮革）30cm×15cm／**四合釦** 15mm 2組

雙面固定釦 9mm 1個／**包包吊飾** 1條

D型環 12mm 1個

原寸紙型

C面

完成尺寸

寬約11×高11cm

---

2. 摺疊本體，以四合釦收摺固定

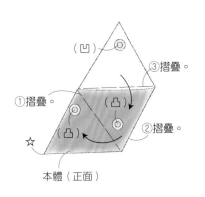

（凹）

③摺疊。

①摺疊。

（凸）

（凸）

②摺疊。

☆

本體（正面）

1. 製作本體

②穿過D型環摺疊。

吊耳（正面）

D型環

①在安裝固定釦位置打洞。

吊耳（正面）

④在D型環扣接吊飾。

③以固定釦固定吊耳。

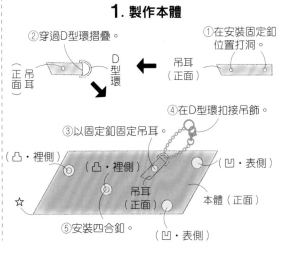

（凸・裡側）

（凸・裡側）

吊耳（正面）

本體（正面）

（凹・表側）

（凹・表側）

☆

⑤安裝四合釦。

裁布圖

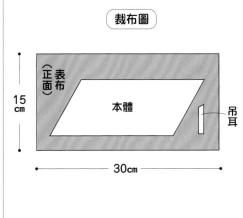

（正面）表布

本體

15cm

吊耳

30cm

材料
表布（厚木棉布）120cm×50cm
裡布（棉厚織79號）80cm×70cm

原寸紙型
D面

完成尺寸
寬32×高22×側身14cm
（提把30cm）

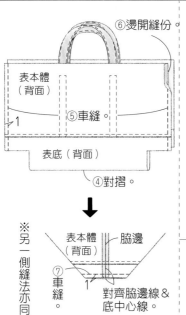

⑥燙開縫份
表本體（背面）
⑤車縫。
1
表底（背面）
④對摺。

※另一側縫法亦同。

表本體（背面）
脇邊
⑦車縫。
1
對齊脇邊線＆底中心線。

6. 套疊表本體&裡本體

1.5
①摺疊。
表本體（正面）

②摺疊。
③將裡本體放入表本體內。
裡本體（正面）
1

④避開提把車縫。
0.2

裁布圖

※除了內口袋之外皆無原寸紙型，請依標示尺寸（已含縫份）直接裁剪。

裡布（正面）
47.4
23.7
裡本體
60
70cm
7
7 12.6
23.7
內口袋
80cm

表布（正面）
48
20.5 表本體
50cm
20.5 表本體
5 36 持把A
5
5 68
5
6 48 持把B
7 12 表底
6
24 14
13
外口袋
120cm

---

5. 製作表本體

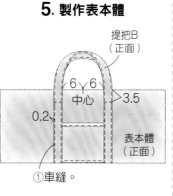

提把B（正面）
6 6
中心 3.5
0.2
表本體（正面）
①車縫。

※以相同作法接縫另一條提把。

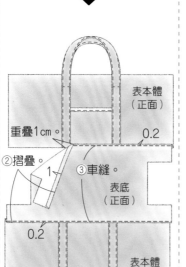

表本體（正面）
重疊1cm。
0.2
②摺疊。
1
③車縫。
表底（正面）
0.2
表本體（正面）

---

3. 製作提把

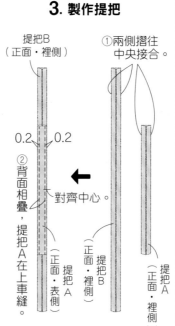

提把B（正面・裡側）
①兩側摺往中央接合。
0.2 0.2
②背面相疊，提把A在上車縫。
對齊中心。
（正面・表側）提把A
（正面・裡側）提把B
（正面・表側）提把B
（正面・裡側）提把A

※製作2條。

4. 製作外口袋

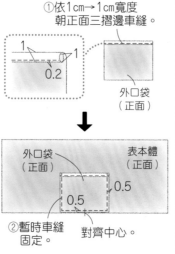

①依1cm→1cm寬度朝正面三摺邊車縫。
1 1
0.2
外口袋（正面）

外口袋（正面）
表本體（正面）
0.5
0.5
②暫時車縫固定。
對齊中心。

---

1. 縫上內口袋

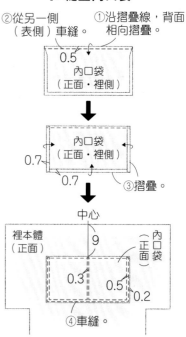

①沿摺疊線，背面相向摺疊。
②從另一側（表側）車縫。
0.5
內口袋（正面・裡側）

內口袋（正面・裡側）
0.7
0.7
③摺疊。

中心
裡本體（正面）
9
內口袋（正面）
0.3 0.5
0.2
④車縫。

2. 製作裡本體

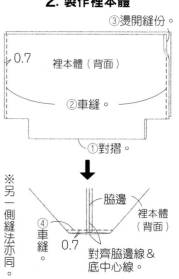

③燙開縫份。
0.7
裡本體（背面）
②車縫。
①對摺。

※另一側縫法亦同。

脇邊
裡本體（背面）
④車縫。
0.7
對齊脇邊線＆底中心線。

材料
表布（尼龍）60cm×120cm

原寸紙型
D面

完成尺寸
寬34×高55cm

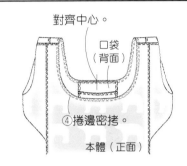

對齊中心。

口袋
（背面）

④捲邊密拷。

本體（正面）

3. 整理

①捲邊密拷。

①捲邊密拷。

本體
（正面）

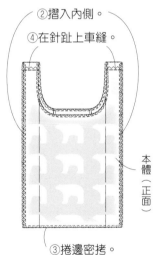

②摺入內側。

④在針趾上車縫。

本體
（正面）

③捲邊密拷。

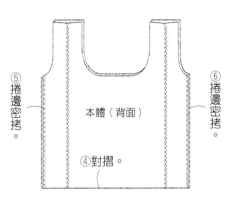

⑤捲邊密拷。

⑤捲邊密拷。

本體（背面）

④對摺。

⑦捲邊密拷。

錯開針趾。

本體
（正面）

⑥翻到正面。

2. 縫上口袋

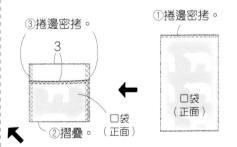

③捲邊密拷。

3

①捲邊密拷。

口袋
（正面）

口袋
（正面）

②摺疊。

裁布圖

※口袋無原寸紙型，請依標示尺寸
（已含縫份）直接裁剪。

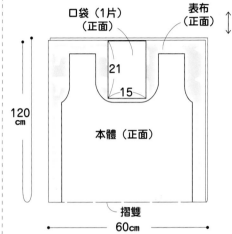

口袋（1片）
（正面）

表布
（正面）

21

15

120cm

本體（正面）

摺雙

60cm

1. 製作本體

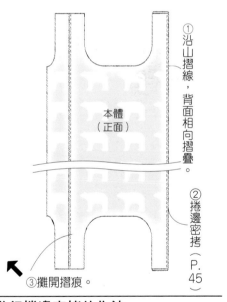

①沿山摺線，背面相向摺疊。

本體
（正面）

②捲邊密拷（P.45）

③攤開摺痕。

捲邊密拷的線端處理方式

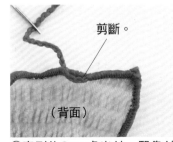

剪斷。

（背面）

②穿到約2cm處出針，緊靠針趾剪斷空環。

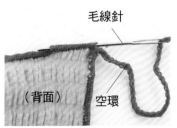

毛線針

空環

（背面）

①將空環穿進大眼鈍頭針，從背面穿過針趾。

漂亮進行捲邊密拷的作法

②左手握住後方的布，右手將前方的布繃緊車縫。

空環

①先拉出4至5cm空環。拷克時要壓住空環，避免捲進去。

材料
表布（丹寧布）82cm×200cm
日型環 寬30㎜ 1個
雞眼釦 內徑14㎜ 1組

原寸紙型
B 面

完成尺寸
胸圍 76cm
總長 90cm（不含肩帶）

3. 縫上口袋

②依1cm→4cm寬度
三摺邊車縫。

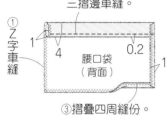

① Z字車縫
1
4　腰口袋（背面）　0.2
1
③摺疊四周縫份。

④安裝雞眼釦。
2
4
腰口袋（正面）

⑥依1cm→1.5cm寬度三摺邊車縫。

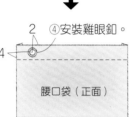

⑤ Z字車縫。
1.5
1
0.2　胸口袋（背面）
1
⑦摺疊四周縫份。

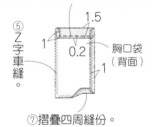

0.5
⑧車縫胸口袋。
胸口袋（正面）
0.2
本體（正面）
0.5
腰口袋（正面）
⑨車縫腰口袋。
0.2
⑩在中央車縫。

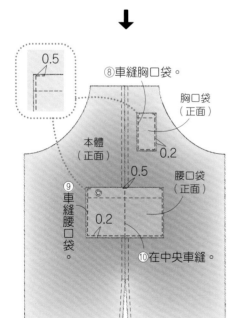

⑥對摺。

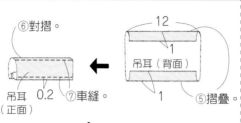

吊耳（背面）
吊耳（正面）　0.2
⑦車縫。

12
1
吊耳（背面）
⑤摺疊。
1

日型環（裡側）
⑧
吊耳（正面）
0.5
穿過日型環。
⑨暫時車縫固定。

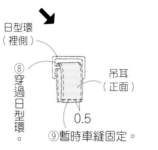

2. 車縫前中心線

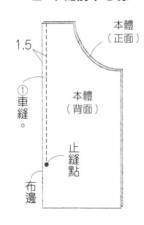

本體（正面）
1.5
①車縫。
本體（背面）
止縫點
布邊

1
④回針縫
在止縫點進行
②燙開縫份。
③車縫。

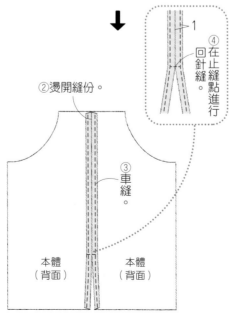

本體（背面）
本體（背面）

※除了本體&貼邊之外皆無原寸紙型，
　請依標示尺寸（已含縫份）直接裁剪。
※紙型不含縫份，請依指定（●內的數字）
　加上縫份。

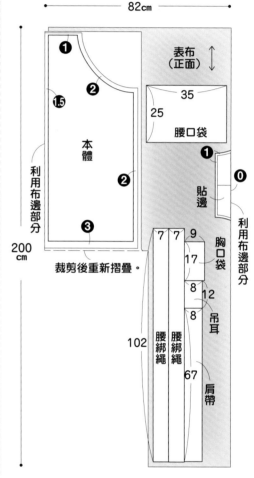

82cm

❶
❷
1.5
表布（正面）
本體
❷
❸

35
25
腰口袋
❶
貼邊
❶
利用布邊部分
利用布邊部分
❶
0

200cm

裁剪後重新摺疊。

7　7　9
胸口袋
17
8　12
吊耳
8
腰綁繩
腰綁繩
102
67
肩帶

1. 製作腰綁繩、肩帶及吊耳

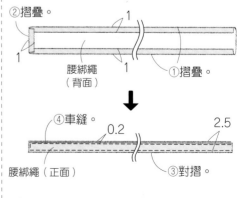

②摺疊。
1
腰綁繩（背面）
1
①摺疊。

④車縫。　0.2　2.5
腰綁繩（正面）
③對摺。

◤※另一條腰綁繩&肩帶縫法亦同。

5. 完成

④肩帶一端穿過日型環。

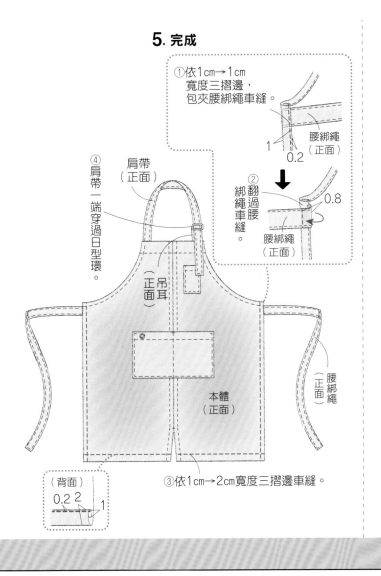

①依1cm→1cm寬度三摺邊，包夾腰綁繩車縫。

腰綁繩（正面）

1
0.2

②翻過腰綁繩車縫。

0.8

腰綁繩（正面）

肩帶（正面）

吊耳（正面）

本體（正面）

腰綁繩（正面）

③依1cm→2cm寬度三摺邊車縫。

（背面）
0.2 2
1

4. 接縫貼邊

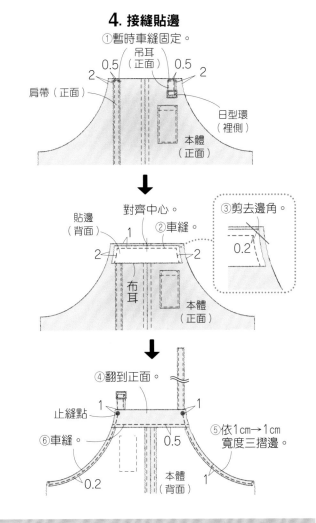

①暫時車縫固定。

吊耳（正面）

0.5   0.5

肩帶（正面）

2   2

本體（正面）

日型環（裡側）

對齊中心。

貼邊（背面）

②車縫。

1

2   2

布耳

本體（正面）

③剪去邊角。

0.2

④翻到正面。

止縫點
1

1

⑤依1cm→1cm寬度三摺邊。

0.5

⑥車縫。

0.2

本體（背面）

1

P.21_ No.**16**／筆袋

材料
表布（平織布）30cm×25cm
裡布（棉布）30cm×25cm
接著襯（薄）30cm×25cm
塑膠四合釦 13mm 2組

作法影片

https://x.gd/xz5zZ

原寸紙型
A面

完成尺寸
寬18×高4×側身5cm

---

⑫剪去邊角。

0.2

裡本體（背面）

⑪對齊脇邊線&底中心車縫。

1

⑩燙開縫份。

※另一側&表本體作法亦同。

⑬從返口翻回正面。

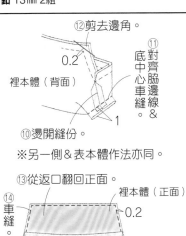

裡本體（正面）

⑭車縫。

0.2

表本體（正面）

2. 安裝塑膠四合釦

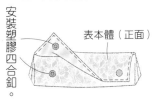

安裝塑膠四合釦。

表本體（正面）

④避開裡本體。

表本體（背面）

止縫點

⑤車縫。

1

裡本體（背面）

⑥於縫份剪牙口。

☆

③摺疊。

★

表本體（背面）

⑧車縫。

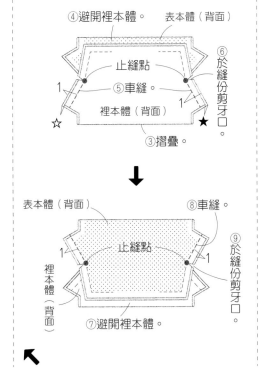

止縫點

1

1

⑨於縫份剪牙口。

裡本體（背面）

⑦避開裡本體。

裁布圖

※ 處需於背面燙貼接著襯（僅表布）。

表・裡本體

25cm

30cm

表布・裡布（正面）

1

1. 製作本體

返口10cm

袋蓋側

①車縫。

1

表本體（正面）

裡本體（背面）

☆

★

止縫點

②車縫。

1 中心

材料
表布（Cotton Lawn）寬110cm×110cm
接著襯（薄）10cm×10cm

原寸紙型
D面

完成尺寸
臀圍 75cm
總長 49.5cm

---

⑩縫份倒向本體側。

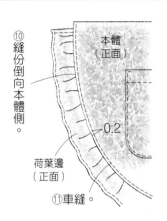

本體（正面）
0.2
荷葉邊（正面）
⑪車縫。

3. 製作綁繩

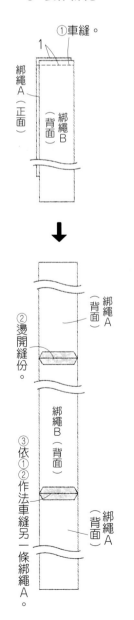

①車縫。
1
綁繩A（正面）
綁繩B（背面）

②燙開縫份。

綁繩A（背面）
綁繩B（背面）
綁繩A（背面）

③依①②作法車縫另一條綁繩A。

2. 接縫荷葉邊

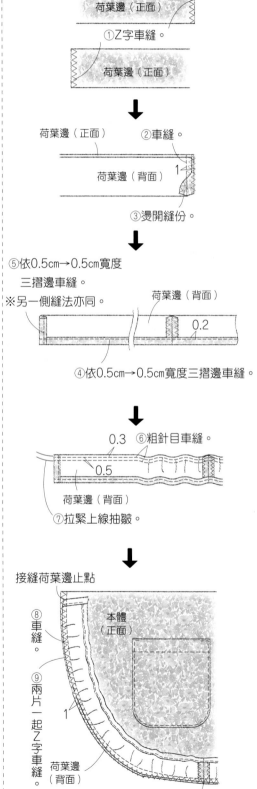

荷葉邊（正面）
①Z字車縫。

荷葉邊（正面）

荷葉邊（正面） ②車縫。
荷葉邊（背面） 1
③燙開縫份。

⑤依0.5cm→0.5cm寬度三摺邊車縫。
※另一側縫法亦同。
荷葉邊（背面）
0.2
④依0.5cm→0.5cm寬度三摺邊車縫。

0.3 ⑥粗針目車縫。
0.5
荷葉邊（背面）
⑦拉緊上線抽皺。

接縫荷葉邊止點
⑧車縫。
本體（正面）
⑨兩片一起Z字車縫。
荷葉邊（背面）
1
對齊荷葉邊針趾&本體中心。

裁布圖

※除了本體&口袋之外無原寸紙型，請依標示尺寸（已含縫份）直接裁剪。

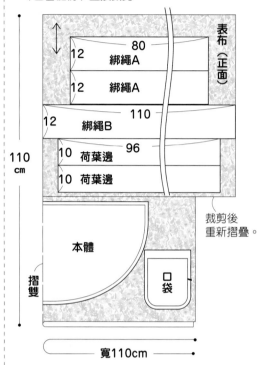

表布（正面）
80
12 綁繩A
12 綁繩A
110
12 綁繩B
96
10 荷葉邊
10 荷葉邊
110cm
本體
摺雙
口袋
裁剪後重新摺疊
寬110cm

1. 縫上口袋

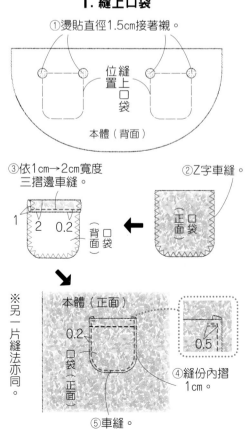

①燙貼直徑1.5cm接著襯。
位置
縫上口袋
本體（背面）

③依1cm→2cm寬度三摺邊車縫。
②Z字車縫。
1 2 0.2
口袋（背面）
口袋（正面）

※另一片縫法亦同。
本體（正面）
0.2
口袋（正面）
0.5
④縫份內摺1cm。
⑤車縫。

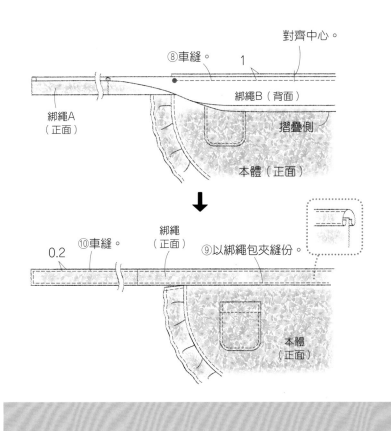

⑧車縫。 對齊中心。

1

綁繩A（正面）

綁繩B（背面）

摺疊側

本體（正面）

0.2 ⑩車縫。 綁繩（正面） ⑨以綁繩包夾縫份。

本體（正面）

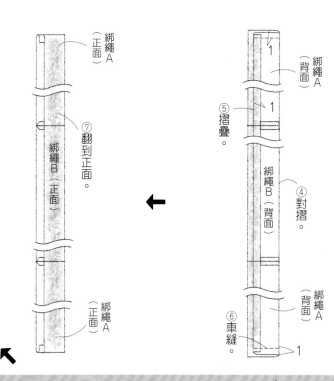

綁繩A（正面）

⑦翻到正面。

綁繩B（正面）

綁繩B（正面）

綁繩A（正面）

綁繩A（背面）

1

⑤摺疊。

1

綁繩B（背面）

④對摺。

綁繩A（背面）

⑥車縫。

1

材料
表布（棉布）20cm×10cm
鋪棉（一般）20cm×10cm
羅紋緞帶 寬0.7cm 20cm
捲尺 直徑 5cm 1個

原寸紙型
無

完成尺寸
直徑 5cm

1. 裁布

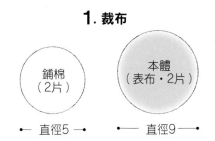

鋪棉（2片）
← 直徑5 →

本體（表布・2片）
← 直徑9 →

2. 製作本體

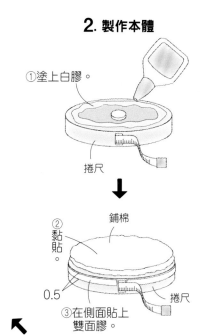

①塗上白膠。

捲尺

②黏貼。

鋪棉

0.5

③在側面貼上雙面膠。

捲尺

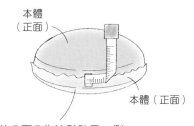

本體（正面）

本體（正面）

本體（正面）

⑦依①至⑥作法黏貼另一側。

3. 貼上緞帶

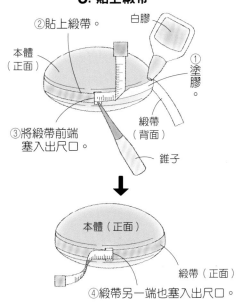

②貼上緞帶。

白膠

本體（正面）

①塗膠。

③將緞帶前端塞入出尺口。

緞帶（背面）

錐子

本體（正面）

緞帶（正面）

④緞帶另一端也塞入出尺口。

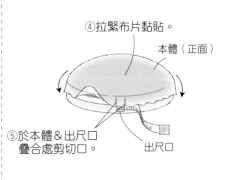

④拉緊布片黏貼。

本體（正面）

⑤於本體＆出尺口疊合處剪切口。

出尺口

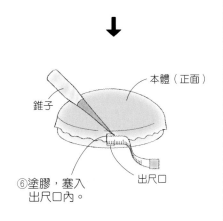

本體（正面）

錐子

出尺口

⑥塗膠，塞入出尺口內。

SEE YOU
NEXT
EDITION!

雅書堂　搜尋
www.elegantbooks.com.tw

Cotton friend 手作誌
Summer Edition 2024 vol.65

手作・海風感的渡假藍

授權	BOUTIQUE-SHA
譯者	周欣芃・瞿中蓮
社長	詹慶和
執行編輯	陳姿伶
編輯	劉蕙寧・黃璟安・詹凱雲
美術編輯	陳麗娜・周盈汝・韓欣恬
內頁排版	陳麗娜・造極彩色印刷
出版者	雅書堂文化事業有限公司
發行者	雅書堂文化事業有限公司
郵政劃撥帳號	18225950
郵政劃撥戶名	雅書堂文化事業有限公司
地址	新北市板橋區板新路 206 號 3 樓
網址	www.elegantbooks.com.tw
電子郵件	elegant.books@msa.hinet.net
電話	(02)8952-4078
傳真	(02)8952-4084

2024 年 8 月初版一刷　定價／ 480 元

COTTON FRIEND (2024 Summer issue)
Copyright © BOUTIQUE-SHA 2024 Printed in Japan
All rights reserved.
Original Japanese edition published in Japan by BOUTIQUE-SHA.
Chinese (in complex character) translation rights arranged with
BOUTIQUE-SHA
through KEIO CULTURAL ENTERPRISE CO., LTD.

經銷／易可數位行銷股份有限公司
地址／新北市新店區寶橋路 235 巷 6 弄 3 號 5 樓
電話／ (02)8911-0825
傳真／ (02)8911-0801

國家圖書館出版品預行編目 (CIP) 資料

手作.海風感的渡假藍 / BOUTIQUE-SHA 授權；周欣芃，
瞿中蓮譯 . -- 初版 . -- 新北市：雅書堂文化事業有限公司，
2024.08
　面；　公分 . -- (Cotton friend 手作誌；65)
ISBN 978-986-302-734-8(平裝)

1.CST: 手工藝

426.7　　　　　　　　　　　　　　113010726

STAFF　日文原書製作團隊

編輯長	根本さやか
編集人員	渡辺千帆里　川島順子　濱口亜沙子
編輯協力	浅沼かおり
攝影	回里純子　腰塚良彦　藤田律子
造型	西森 萌
妝髮	タニジュンコ
視覺＆排版	みうらしゅう子　牧 陽子　松本真由美
繪圖	爲季法子　三島恵子　高田翔子
	星野喜久代　宮路睦子
紙型製作	山科文子
校對	澤井清絵